KB013594

빛깔있는 책들 101-22

한국의 무속

글, 사진/김태곤

대원사

김태곤 ────

1937년 서산 출생. 국학대학(현 고려
대학교) 국문학과 졸업, 경희대학교
대학원 수료, 일본 동경교육대학에서
문학 박사 학위를 취득했다. 원광대학
교 교수, 덴마크 코펜하겐대학 객원교
수를 역임했고 아시아 지역 민속학
협회 회장직에도 있었다. 현재 문화부
문화재전문위원이며, 경희대학교
국문과 교수, 민속학연구소 소장,
박물관장, 한국민속학회 회장, 한민족
학회 회장, 국제 샤머니즘학회 회장직
을 맡고 있다. 저서로 「한국무가집
1, 2, 3, 4」「한국무속연구」「한국의
무속신화」「한국무신도」「한국민간
신앙연구」「한국무속도록」「한국의
신화」「한국의 무속」 등 다수가 있
다.

한국의 무속

한국의 무속

무속의 성격

　　무속은 무당을 중심으로 민간에서 전승되고 있는 종교적 현상으로 민간 신앙 가운데에서 가장 확고한 신앙 체계를 이루고 있다.

　　종교 지도자로서의 무당은 종교 의식을 집행한다. 이 의식에 필요한 구비 경전(口碑經典)으로서 무신화(巫神話, 巫歌)가 있는데, 여기에 우주의 질서와 교리적 지침이 들어 있다. 무속은 원시 종교의 형태를 벗어나지 못했으나 종교로서의 모든 요소를 구비하고 있어 오늘날에도 살아 있는 종교로서 민간층에 뿌리깊이 파고들어 폭넓은 기반을 갖고 있다. 무속은 불교, 유교 등 외래 종교가 들어오기 훨씬 전부터 한민족의 신앙 기반이 되어 왔다. 따라서 무속은 한국의 종교, 사상, 역사, 문학, 음악, 연극 등의 학문 연구에 매우 중요한 자료가 된다.

　　이 글은 민간 신앙의 입장에서 무속의 종교성을 중점적으로 다루어 그 실태 파악에 목적을 두고자 한다.

무속　한민족의 신앙 기반이 되어 온 무속은 오늘날에도 민간층에 폭넓은 기반을 갖고 있는 살아 있는 종교이다. 사진은 조상(祖上)이 실려 춤추는 무당이다.(옆면)

무속과 샤머니즘

한국의 무속은 샤머니즘과 다른 한국 특유의 것이기 때문에 무이즘(muism)으로 명명하여 세계 종교학계에 새로운 학설로 제시해야 한다는 사람이 있는가 하면, 한강 이북의 강신무(降神巫;자연적으로 신이 내리는 종교 체험의 과정을 거쳐서 되는 무)는 북방계의 샤머니즘이고 한강 이남의 세습무(世襲巫;혈통을 따라 대대로 사제권이 계승되는 인위적인 무)는 남방계의 주술사(呪術師)라는 의견을 제시한 사람도 있다. 그러나 좀더 시야를 넓혀 무속이 종교 현상이라는 입장에서 본다면 이와 같은 문제는 스스로 해결될 것이다. 한편 이런 문제가 일어나는 것은 샤머니즘의 성격을 규정짓기가 매우 어렵다는 설명도 된다.

20세기 중반으로 접어들면서 세계 각지의 샤머니즘에 대한 체계적인 연구가 진행되고 있지만 아직도 샤머니즘의 성격 규정에는 많은 문제점이 따르고 있다. 그것은 아직도 샤머니즘의 전모가 밝혀지지 않았다는 점과 샤머니즘을 보는 학자들의 견해 차에서 오는 결과로 볼 수 있다.

샤먼의 특성이라 논의되어 온 '엑스터시(ecstasy)' '트랜스(trance)'

'포제션(possession)' 등의 현상은 지금도 신흥 종교 교주들의 영통술(靈通術)이나 기독교 일부 교회 안에서 일어나는 이른바 성령 현상(聖靈現象)인 입신, 방언 등에서도 유사한 형태로 자주 발견된다. 따라서 이와 같은 현상에만 기준을 두어 샤머니즘의 성격을 규정지을 수는 없다. 그렇다면 샤먼과 신흥 종교 교주들 가운데 어느 쪽이 보다 근원적인 체험을 하고 또 어느 쪽이 엑스터시, 트랜스, 포제션 등의 기술을 임의로 구사할 수 있느냐 하는 문제가 따르겠지만 이 문제 역시 양자가 똑같이 나타나고 있는 실정이다. 기술적인 체험에 기준을 두어 샤머니즘의 성격을 규정해 온 종래의 여러 견해에 대한 재검토의 필요성이 따르게 된다.

이런 상황 속에서 샤머니즘의 성격을 규정짓고 한국 무속과의 성격 관계를 말하기란 매우 조심스럽다. 편의상 지금까지 '샤머니즘 현상'이라고 세계적으로 논의되어 온 것에 기준을 둘 때 한국의 무속은 그러한 현상과 성격상 일치점을 보이고 있다. 그렇다면 한국의 무속이 세계의 샤머니즘 속에서 어느 계열에 해당하는가?

세계적으로 샤먼의 특성 기준을 엑스터시, 트랜스, 포제션이라는 각도에서 문제삼아 왔다. 그러나 이 용어들은 학자들에 따라 개념을 달리해서 혼선을 가져오고 있다. 엑스터시의 개념 속에 트랜스와 포제션까지 포함시키는가 하면 또 이들의 용어를 각각 구분해 사용하기도 한다.

예를 들면 엘리아데(M. Eliade)가 샤먼의 성격 기준을 엑스터시에 두고 엑스터시의 개념을 탈혼(脫魂, soul-loss) 곧 영혼의 타계 여행이라는 입장에서 설명하는가 하면, 이와는 반대로 버거논(E.Bourgurgnon)은 포제션에 기준을 두어 엘리아데의 엑스터시 개념을 '논 포제션(non-possession ; soul absence)'이라는 입장에서 설명하고 있다. 따라서 엘리아데의 엑스터시 개념만을 가지고는 세계의 샤머니즘 현상이 전부 설명될 수 없는 한계성이 있다. 그렇기 때문에 이들 용어 개념에 대한 필자의 사용 한계를 밝혀야 할 필요가 있다. 곧 '트랜스'를 의식의 단순한 변화 상태로, '엑스터시'를 탈혼 상태 그리고 '포제션'을 빙의(憑依) 상태로 볼 때 트랜스를 의식변화의 첫 단계 그리고 여기서 다시 둘째 단계의 변화로 심도가 깊어져 엑스터시나 포제션 상태로 각각 발전해 가는 것으로 볼 수 있다.

이와 같은 관점에서 볼 때 엑스터시 타입은 주로 시베리아를 중심으로 한 동북 아시아 지역에서 집중적인 분포를 보이고 있으며, 포제션 타입은 남아시아를 비롯한 아프리카, 동북 아메리카 등지에 집중적인 분포를 보인다. 한편 한국에 분포되어 있는 강신무 계통이 그 초기의 신비적 종교 체험인 신병 체험으로부터 무의식(巫儀式)의 전과정이 강신이나 또는 빙의에 의한 영력(靈力)을 기반으로 하고 있기 때문에 위에서 말한 포제션 타입의 샤먼에 해당되는 것이라 생각된다.

샤먼의 유형적 분포는 반드시 획일적인 것이 아니기 때문에 엑스터시 타입의 샤먼과 포제션 타입의 샤먼이 한 지역에 병존하는 예도 있을 것이다. 또 지역에 따라 다른 형태로 나타나는 유형적 이질화 현상은 지역성에 의한 문화 배경의 차이에 따른 이화 현상이라 생각된다.

엑스터시 한국 샤머니즘의 특성 가운데 하나인 엑스터시는 강신 상태를 의미한다. 조상이 실려 엑스터시 상태에서 떡동이를 이고 춤추는 무당.(위)

무의 유형과 무속의 지역적 특징

무의 유형과 분포

현재 한국에 분포되어 있는 무(巫)를 성격상으로 분류하면 무당형, 단골형, 심방형, 명두형으로 나뉘고 그 분포 지역도 각기 다른 지역적 특성을 보인다.

무당형
강신 체험을 통해서 된 무로 가무로써 굿을 주관할 수 있고 영력에 의해 점을 치며 예언한다. 중부와 북부에 분포되어 있는 무당, 박수(男巫)가 무당형에 해당된다.

한편 무당형의 방계로 보살, 신장할멈, 칠성할멈으로 불리는 선무당류가 있다. 이들 선무당류는 강신 체험으로 무당이 되어 영력을 가지고 있으나 가무로 정통한 굿을 주관할 수 없다. 하위의 무로 간단한 제의인 비손을 하며 영력으로 점을 치는 것이 주기능이다. 선무당류 역시 중부와 북부 지역에 주로 분포되어 있고 남부 지역과 제주도에서도 가끔 발견된다.

박수 남무인 박수는 무당형에 속하는데 이들은 강신 체험을 통해서
된 무당으로 가무로써 굿을 주관할 수 있다. 서울 지역의 박수이
다.

무당 유형의 성격적 특징을 간추려 보면 다음과 같다.

첫째 강신 체험과 영력의 소유, 둘째 강신한 몸주신과 그 몸주신
을 모신 신단이 있고, 셋째 신의 실재를 확신하여 신관(神觀)이 구체
화되어 있고, 넷째 가무로 정통 굿을 주관하는 사제로, 다섯째 영력
에 의해 점을 친다.

단골형

혈통을 따라 대대로 사제권이 계승되어 인위적으로 무당이 된 세습무로서 무속상의 제도적 조직성을 갖춘 무당 곧 일정한 관할 구역에 대한 사제권이 제도상으로 혈통을 따라 계승된다. 이러한 무당은 호남 지역의 세습무 단골과 영남 지역의 세습무인 무당이 있다.

호남 지역의 단골은 단골판이라 부르는 일정한 관할 구역이 있고, 단골은 단골판에 대한 무속상의 사제권이 제도화되어 혈통을 따라 대대로 세습되는 조직성을 갖고 있다. 한편 영남 지역의 세습무 무당은 무속상의 사제권이 혈통을 따라 대대로 세습되고 있으나 단골판과 같은 관할 구역제가 희박한 것으로 보인다. 그러나 최근에 영남 지역에도 무당의 관할 구역제가 있었다는 사실이 확인되었다. 곧 영남 지역에서는 무당의 관할 구역제가 도태된 것으로 보이기 때문에 호남의 단골과 영남의 무당은 같은 계통의 제도화된 무당으로 보인다.

단골형 무의 성격적 특징을 간추려 보면 다음과 같다.

첫째 혈통에 의한 사제권의 세습, 둘째 사제권에 의한 일정 지역(단골판) 관할권의 계승, 셋째 이러한 세습과 계승이 무속상으로 제도화된 점, 넷째 강신 체험이 없어 영력이 없으므로 구체적인 신관이 확립되어 있지 않고 자가(自家)의 신단이 없으며, 다섯째 신을 향해 일방적인 가무로 정통 굿을 주관한다.

심방형

단골형과 같이 무의 사제권이 혈통을 따라 대대로 계승되는 세습무로서 영력을 중시하여 신에 대한 구체적인 신관이 확립되어 있다. 이와 같은 무의 대표적인 것으로 제주도에 분포되어 있는 세습무인 심방이 있다. 단골형이 신에 대한 인식이 아주 희박한 데 비해서 심방형은 영력을 중시하며, 신관이 구체적으로 확립되어 있는 점이 단골형과 다른 점이다.

심방형은 무당형과 같이 영력을 중시하고 신에 대한 인식이 확고하나 신이 직접 몸에 강신하지 않고 굿을 할 때 천문, 상잔, 명두 같은 무점구를 통해 신의 뜻을 물어 전달한다. 이런 점이 심방형이 단골과 다른 차이이다. 따라서 심방형은 단골형과 무당형의 중간형

심방 무당형과는 달리 신이 직접 몸에 강신하지 않고 무점구를 통해 신의 뜻을 물어 전달하는 무이다. 이들은 세습무라는 점에서 단골형과 비슷하고, 영력에 의해 가무로써 굿을 주관한다는 점에서는 무당형과 비슷하다. '초감제' 무가를 구송하는 심방의 모습이다.

이란 결론에 도달하게 된다. 그러면서 심방형이 제의에서 무당형과 같이 신과 무당이 일원화(강신하여 무당이 신격화하는 현상)되지 못하고 단골형과 같은 이원화(무당이 신을 향해 대치된 위치에서 일방적으로 기원하는 현상)된 위치에 있는 점으로 보아 단골형 쪽에 더 가까운 것으로 보인다.

심방형의 특징은 다음과 같다.

첫째 혈통에 의한 사제권의 세습 제도화, 둘째 영력을 중시하며 신에 대한 인식이 확고하여 구체화된 신관이 확립되어 있으나 자가의 신단은 없으며, 셋째 직접적인 강신, 영통이 없이 매개물(巫占具)을 통해서만 신의 뜻을 물어 점칠 수 있고, 넷째 신을 향해 일방적인 가무로 정통 굿을 주관한다.

명두형

인간 사령(死靈)의 강신 체험을 통해서 된 무인데, 체험된 사령은 혈연 관계가 있는 어린아이가 죽은 아령(兒靈)으로 대개 7세 미만의 사령이며, 경우에 따라서는 16세 안팎의 사령도 있다.

명두형의 특징은 몸에 실린 사령을 자기 집 신단에 모시고 필요할 때 이 사령을 불러 영계와 미래사를 탐지시켜 점을 치는 것이다. 여아의 사령을 명두, 남아의 사령을 동자 또는 태주라 부른다. 이와 같은 명두형의 무는 남부 지역 특히 호남 지역에 많이 분포되어 있으며 중부와 북부 지역에도 산발적으로 분포되어 있다. 명두형의 무는 원래 사령을 불러 점을 치는 것이 전문인데, 근래에는 무의 제의 영역까지 침범하여 정통 무와 명두형 무가 대립되어 분화를 일으키게 되었다.

명두형 무의 특징을 간추려 보면 다음과 같다. 첫째 사아령(死兒靈)의 강신, 둘째 사아령에 의한 점복의 전문 점쟁이, 셋째 사아령의 초령술(招靈術), 넷째 가무에 의한 정통 굿의 주관이 불가능하다.

    명두형은 무당형과 동계의 강신무 계통으로 볼 수 있으나 무당형의 강신 대상이 일반적으로 자연신(천신, 옥황상제, 산신, 일월성신, 용신 등)인 데 비해 명두형의 강신 대상은 특정한 혈연 관계의 사아령이다. 그리고 이 사아령을 특별한 의식이 없이 자유로 불러 점을 치는 초령술도 명두형의 특징이다.

    무당형과 명두형은 강신에 의한 영력이 주기능이므로 강신무 계통이고, 단골형과 심방형은 다 같이 사제권이 제도적으로 세습되면서 제의의 사제가 주기능이기 때문에 세습무 계통으로 구분된다. 그리하여 한국의 중부와 북부 지역은 주로 강신무가 분포되어 있고 남부 지역은 강신무와 세습무가 함께 분포되어 있다. 곧 강신무가 전국적인 분포를 보이고 있으면서도 지역적으로 볼 때 남부에는 세습무가 중심이 되어 무의 주력을 잡고 있으며, 중부를 포함하여 북부로 갈수록 세습무가 거의 없이 강신무가 무의 주력을 잡고 있는 실정이다.

    이러한 남과 북의 지역에 따라서 서로 다른 유형의 무가 분포되어 있는 원인은 무엇인가. 이에 대해 세습무와 강신무 가운데 어느 하나가 분파되어 변화하였거나 또는 어느 하나가 다른 지역으로부터 전파되어 왔거나, 아니면 양자가 다 다른 지역으로부터 전파되어 왔기 때문에 현재와 같은 이질성을 보인다라는 견해가 있다. 또한 남과 북에 따르는 지리적 특성에 따라 분화, 변천된 것이라는 견해도 있다. 지리적 자연 조건 곧 북쪽은 산악 지대의 수렵 채취 경제 생활에서 오는 용맹과 거친 성격 그리고 대륙과 접해 있는 관계로 전쟁이 잦아 사회의 종교적 지배 체제를 이룰 수 없는 원인이 되었다. 반면에 남쪽은 평야와 온화한 기후 조건으로 농경에 의한 경제적 안정과 외적의 침입이 없는 사회적 안정 속에서 일찍이 사회의 종교적 지배 체제가 확립될 수 있는 지리적 조건이 성숙되어 있었다. 따라서 무도 일찍이 사회적 정착을 가져와 조직적 제도화의

무의 유형 분포도

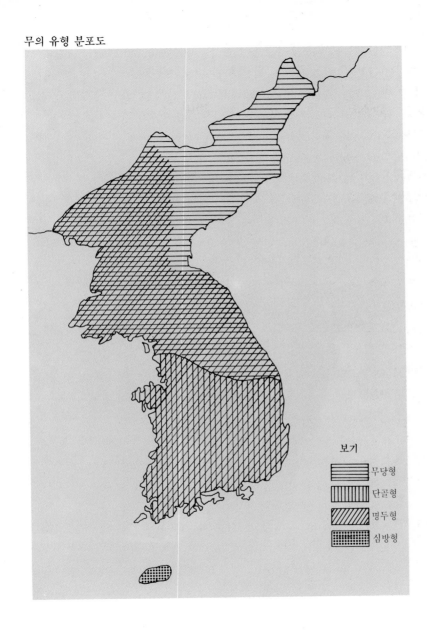

보기

무당형
단골형
명두형
심방형

기틀을 마련할 수 있었던 것으로 볼 수 있다. 더구나 무당은 신사(神事)에 종사하는 특수 영통(靈通)의 직능자로서 종교력에 의해 일반 사회 성원의 정신적 지배력을 행사하게 되었다. 이것이 사회적 성격으로 발전되어 사적(私的)이고도 유동적인 것에서 차츰 집단적 공공성을 띠면서 정착적인 사회적 배경으로 이행, 발전되어 갈 기틀이 잡혀졌던 것으로 볼 수 있다. 혼돈 상태에서 조직적 체제화로 접어들면서 마침내 무당의 신권적 사제권이 확립되어 사회적으로 정착 단계에 이르게 된 것으로 볼 수 있다. 이에 대한 요인은 남부와 북부의 자연적 입지 조건과 이에 따르는 사회적 역사성에 있었던 것으로 풀이된다.

내세관에 대한 도표

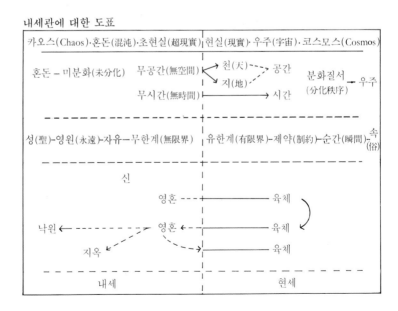

무속의 지역적 특징

제의면에서 볼 때 중부와 북부 지역 강신무의 굿과 남부 지역 세습무의 굿은 영력을 기준으로 볼 때도 확연한 차이를 나타낸다. 강신무는 굿을 할 때 신이 내려서 신격화함으로써 무와 신이 일원화하는 데 반하여, 세습무는 신을 향한 일방적인 사제로 신과 무가 양립된 이원화 현상을 보인다. 이와 같은 영력의 유무를 기준으로 다음과 같은 제의 양식의 차이가 발견된다.

세습무의 제의에는 신의 하강로를 상징하는 신간(神竿)을 필수적인 조건으로 제장(祭場)에 설치한다. 제주도 심방굿의 시왕대(十王竿), 수릿대, 굿문기(門旗), 호남 단골굿의 곳대, 명두대, 혼대, 영남 무당굿의 처낭대(天王竿), 혼대 등이 모두 대형의 신간으로 제장에 세우는 것이다. 그러나 중부와 북부 지역 강신무의 굿에는 대체로 이와 같은 큰 신간이 사용되지 않거나 간소화된 상태이다. 강신무에게는 강신이 자유로 되기 때문에 굳이 성역을 표시하는 신의 하강로인 신간을 제장에 세울 필요성이 없었거나 있었다 하더라도 점차 도태된 것으로 보인다. 또한 세습무에게는 신의 강신이 어려워 인위적으로 신의 하강로를 상징하는 대형의 신간이 발전되었거나 아니면 아직도 잔존해 있는 것이라 생각된다.

중부와 북부 지역 강신무의 무복은 각 굿거리마다 개개 신의 신복을 상징하는 무복이 따로 있어 굿할 때 무 하나가 12종 내지 20종의 무복을 입는다. 그러나 남부 지역 세습무의 경우는 무복이 2, 3종 정도이며 호남 지역 단골의 경우는 무복이 퇴화해서 거의 사용되지 않는 상태이다. 이와 같은 강신무와 세습무의 무복 차이는 앞에서 본 신간과는 대조적인 현상이다. 강신무는 신의 영력을 얻기 위해 제의에서 자신을 신격화해야 되기 때문에 신복으로서의 무복이 발달하게 되었으며 세습무의 경우는 영력을 갖거나 신격화할 필요

신간 세습무의 제의에서는 제장에 필수적으로 신간을 설치해야 한다. 이것은 강신무에게는 강신이 자유로 되기 때문에 굳이 신간을 세울 필요가 없지만 세습무는 강신이 어려우므로 필수적으로 신간을 세워서 신의 하강로를 표시해야 되기 때문이다.(위)

무복 강신무는 굿거리마다 개개 신의 신복을 상징하는 무복을 따로 입으므로 대개 12~20종의 무복을 입는다. 사진은 중부 지역의 호구거리에서 무당이 호구 치마를 쓰고 공수를 주는 장면이다.(옆면)

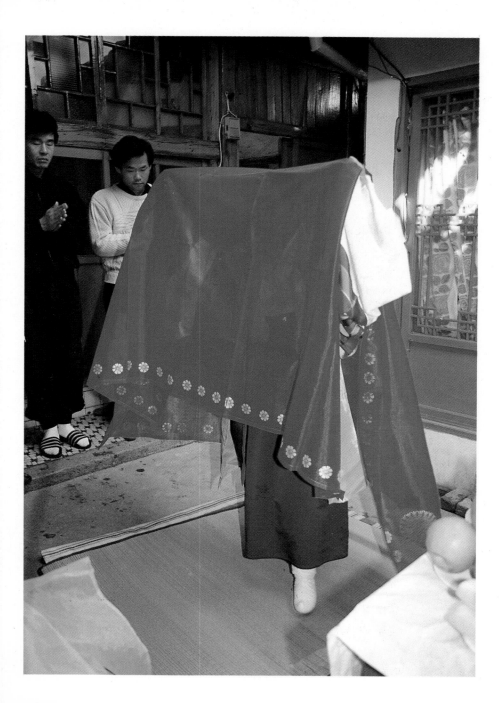

굿의 가무 굿상 앞에서 장구를 치며 '부정거리' 무가를 구송하는 무당과 젓대를 부는
재비의 모습이다. 경기도 일산읍.

성이 없이 제의를 주관하는 일방적인 사제였기 때문에 신복으로서
의 무복이 소용되지 않게 되자 무복은 점차 의례복의 기능으로 전락
되어 도태되어 가는 과정이다.

굿의 가무를 보아도 강신무는 장구, 징, 꽹과리, 제금 등의 타악기
중심으로 가무의 가락과 속도가 빠르며 세습무는 위의 타악기말고
도 피리, 젓대, 호적 등의 취주 악기와 해금, 가야금, 아쟁 등의 현악
기가 반주되어 가무의 가락과 속도가 완만하다. 징, 꽹과리, 제금
등의 금속 타악기는 무의 심경을 자극하여 흥분 상태로 몰아 엑스터
시로 들어가 강신의 환상을 촉진시키므로 주로 강신무의 굿에서
사용되며 세습무의 무악은 제의가 점차 의례화하여 예술의 경지로
접근해 가고 있는 현상으로 볼 수 있다. 강신무는 영력을 가지고
신과 직접 교통하지만, 영력이 없는 세습무는 제의의 격식에 주력하
였을 것이라 생각된다. 세습무 가운데에도 제주도 심방의 경우는

영력을 중요시하므로 무악의 가락이 빠른 타악기 중심이며, 강신무 가운데에도 경기도 일원에서는 피리, 젓대, 해금이 사용되는 예외적인 경우도 있다.

무의 성별을 놓고 남부와 북부 지역을 비교해 볼 때 남부 지역은 남무가 우세하고 북부 지역은 여무가 우세한 실정이다. 제주와 호남, 영남 지역의 경우도 무의 사제권이 남성 위주로 계승되면서 남성이 제의 진행 전체를 관할하고 굿의 마지막 순서인 거리풀이 과정에 사제로서 직접 등장한다. 그러나 중부, 북부 지역 강신무의 경우는 무의 수량면이나 제의 주도권에 있어서 여성이 절대적이다. 가끔 남무인 박수가 있으나 수량면에서 아주 적다.

화쟁이 무의 성별을 보면 남쪽으로 갈수록 남무가, 북부 지역은 여무가 우세하다. 경남 동해 지역의 화쟁이로서 무악을 연주하는 모습이다.

성무 과정

무당은 신과 교통하여 신의 의사를 인간에게 전하고 또 인간의 의사나 소망을 신에게 고하는 영통한 존재이다. 이처럼 보통 인간과는 이질적이고 신비한 무당은 처음에 어떻게 하여 무당이 되는가?

무당이 되는 과정은 혈통을 따라 인위적인 세습에 의해 무당이 되는 세습무와 자연적인 강신에 의해 정신 이상(종교 체험)의 과정을 거쳐서 신의 의사에 의해 어쩔 수 없이 무당이 되는 강신무의 2종으로 구분해 볼 수 있다.

강신무의 종교 체험

강신무는 무당이 되는 초기에 반드시 신병이라는 신비한 병을 체험함으로써 영통력을 얻을 수 있다. 무당이 될 사람에게 신이 내리면 정신 이상 증후가 오고 신체에도 이상 질환 증세가 나타나 장기간 심한 고통을 겪게 된다. 그러나 이와 같은 증세가 약이나 의료 행위로서는 고칠 수가 없고 오직 강신한 신을 받아서 무당이

강신무   세습무와는 달리 신병의 과정을 거치는 강신무는 내림굿을 해서 신을 받아야
한다. 서울 지역의 내림굿에서 말문이 열려 점을 치는 무당.

되어야만 낫는다는 데에 다음과 같은 문제점이 따른다.

신병이 병인 것은 틀림없지만 신에 의한 이상 증세로 나타나고
있다. 따라서 강신무가 되자면 반드시 신병의 과정을 거쳐야 하고
또 이 신병은 무당이 되어 강신한 신을 섬겨야만 치료가 된다는
데에 종교 심리상의 문제가 따른다. 또한 신병이 병 증세로 나타나
면서도 종교성을 내포하고 있기 때문에 신병이 과연 신에 의한 종교
적 현상인지 아니면 신과는 관계없이 단순한 정신 이상 증세인지를
분별하는 것도 어렵다. 그 밖에도 무당에게 강신되어 무당이 신앙하
고 있는 신의 존재는 또 어떻게 보아야 할 것인가 하는 점 등도
문제이다.

신병 체험의 한계와 분포

신병은 강신무에 한해서 무당이 되는 초기에 반드시 거치게 되는 과정이다. 곧 이 신병은 강신무가 영력을 소지할 수 있는 영력의 계기가 됨과 동시에 무당이 망아(忘我) 상태에 빠져 영계로 몰입되어 가는 '엑스터시'의 근원이 된다.

신병은 세습무 계통을 제외한 강신무 계통 곧 무당, 박수, 선무당류, 명두, 태주 등의 점쟁이류가 공통적으로 체험하게 된다. 이 밖에 지역에 따라서는 독경자(讀經者) 곧 경꾼, 경쟁이류의 무경(巫經) 계통에서도 강신 초기에 신병을 체험하게 된다. 독경자도 당초에 독경 의식을 인위적으로 학습해서 하는 것과 강신으로 인해 신병을 체험하고 나서 신의 의사에 따라 나중에 독경 의식을 학습하게 되는 두 가지로 구분된다.

강신으로 인한 신병의 분포는 현재 강신무와 독경자가 존재하는 전국에 분포되어 있다. 이같이 강신에 의한 신병의 체험자가 지금도 전국에서 속출하고 있지만 이 가운데 세습무가 분포된 영남, 제주 지방에서는 강신무와 세습무가 병존하여 신병이 존재하면서도 세습무에게는 신병 체험과 관계없는 이중성을 보이고 있다.

한편 남녀의 차로 나타나는 신병의 범위를 보면 무녀가 지배적이고 남무는 극히 적다. 이것은 무당이 대부분 여성이고 특히 강신무의 대개가 무녀이며 남무의 경우는 박수류의 것으로 그 수가 아주 드물다는 데에서도 알 수 있다.

신병 체험의 증상

신병의 유형　신병의 증상은 성무자(成巫者) 개인이 처한 문화적 지역성에 따라 차이가 있고 또 성무자 개인의 생활 환경에 따라 증상의 차이가 있다. 그러므로 신병의 증상을 유형별로 확연히 구분하기는 매우 어려운 일이다. 개인에 따라 신병의 증상에 차이가

무녀 신병 체험으로 무당이 되는 강신무는 여성이 대부분이다. 조상이 실려 춤추는
무녀. 경기도 일산읍.

있으면서도 내적인 본질면에서는 서로 공통점이 나타나는 예도
있기 때문이다. 따라서 발생적 유형이라는 입장에서 신병을 이야기
해야 하며 발생적 기준은 신병을 체험한 무당 자신이 진술하는 신병
증상의 현상에 한한 것이다.

무(無)원인의 발생 형태의 경우는 원인없이 시름시름 앓아서 밥을 못 먹고 몸도 마르며 정신까지 허약해지는 증상이다. 이런 유형이 신병에서 제일 많이 나타난다.

돌발적 정신 이상에 의한 발생 형태의 경우는 갑자기 미쳐서 일어나는 증상인데, 일반적인 정신 이상 증상과는 달리 종교성을 배경으로 한다는 데에 특징이 있다.

신체 질환 돌발에 의한 발생 형태의 경우는 신체에 질병이 돌발하여 신병으로 발전해 가는 형태의 것이다.

현몽에 의한 발생 형태의 경우는 꿈속에서 신이나 사령 또는 해괴한 일을 본 것이 원인이 되어 발병하는 것인데, 특히 정신 이상 증세가 급진적으로 발생한다. 그리고 신이 현몽했을 경우엔 계시의 형식으로 나타난다. 그러나 이런 현몽에 의한 발생형의 빈도는 적다.

충격에 의한 발생 형태는 외적 충격이 원인이 되어 정신이 허탈해진 상태에서 신병으로 발전해 가는데 역시 빈도수가 많지 않다.

이상의 발생 형태 분류는 필자가 1960년부터 현재까지 무속의 전국적인 현지 조사에서 나타난 대표적인 강신무의 신병 자료를 기초로 한 것이다. 신병 증상의 실례는 다음과 같다.

1968년 3월 11일에 조사된 서울 영등포구 사당동 17통 3반에 거주하는 무녀 박명순 씨(당시 53세)의 예를 보면, 박씨는 15세에 결혼하여 18세 때 첫아들을 낳았다. 이 아이가 백일도 되기 전에 자다가 밤중에 갑자기 죽어서 박씨는 땅이 꺼지는 것만 같았다. 아이가 죽은 3일 뒤부터 눈만 감으면 박씨의 눈에 무신도가 여러 개씩 연속적으로 스쳐 지나가기 시작했다. 그 뒤엔 잠을 자지 않을 때에도 눈을 감으면 베옷을 입은 상제들이 눈에 어려 보였다.

이런 증세를 고친다고 집에서 장님 경쟁이를 불러다 경을 읽기로 했다. 이때 박씨는 벽장에다 촛불을 켜고 빌고 있는 자신의 환상을 보았다. 그날 밤 신령님들이 칼과 깃발을 날리며 말을 타고 자기 집으로 몰려드는 꿈을 꾸었다.

20세가 되면서부터는 꿈속에서 산에 기도를 하러 가면 밤에 점잖은 할아버지 한 사람이 나타나 박씨에게 밥을 주어서 그것을 받아든 박씨가 하늘로 올라가며 그 밥을 새와 짐승들에게 나누어 주는 꿈을 꾸었다. 또 동해의 용궁에 가는 꿈을 꾸고 자기가 금빛 찬란한 바다 위를 걸어다니는 꿈을 꾸면서 제주도라고 하는 데를 가 보기도 하였다. 그러던 어느 날 점잖은 할아버지 한 분이 커다란 책 한 권을 주어서 받는 꿈을 꾸었다.

이런 일이 있은 뒤 남편은 노름으로 재산을 탕진하면서 여색에 빠지게 되어 자연히 부부 사이가 멀어졌다. 점을 쳐 보니 자신에게 신이 내릴 팔자라 하였다.

52세가 되는 어느 날 밤, 자다가 별안간 뱃속이 답답하여 전깃불을 켜니 몸이 떨리며 흔들리고 죽은 고모(고모는 무녀였다)가 몸에 실렸다고 생각되었다. 다시 자리에 누웠다가 벌떡 일어나 새 치마를 꺼내 입고 방문을 열며 "관성제군(關聖帝君)"과 "열두대신"을 입으로 외쳤다. 그러다가는 자리에 누워 자다가 또 벌떡 일어나 고모집 뒤에 있는 원효로의 부군당으로 뛰어 들어가서 당문을 열고 "관성제군"을 외치며 각 신령을 찾아 그 신명을 불렀다. 그래서 어쩔 수 없이 그 뒤 날을 잡아 무당을 데려다가 강신굿을 하여 신을 받았다. 굿하는 일을 전문적으로 배우지 않아 아직 독립해서 굿을 할 수는 없으나 조무(助巫)로 굿을 조력하였다. 이렇게 강신굿을 하여 신을 받고 나서는 심신이 좋아졌다.

1968년 3월 7일 서울 마포구 도화동 산 7번지에 사는 장명훈(남 42세) 씨의 강신 체험을 보면, 장씨는 7세 때부터 마음이 들떠 갈피를 잡을 수가 없었다. 놀 때에는 여자 동무들과 같이 놀았으며 장구를 치고 춤추는 것이 즐거웠다. 그가 9세에 국민학교에 입학하

무의 영력 신과 교통할 수 있는 영통한 존재인 무당은 영력으로써 보통 인간이 할
수 없는 일을 한다. 무당이 물동이 위에 작두를 놓고 그 위에 올라서서 공수를 주고
있다. 서울 진적굿.

였으나 3학년인 11세 때에는 공부가 하기 싫었을 뿐만 아니라 앞이 어두워 글씨를 알아볼 수 없게 되고 마음은 더욱 들떠서 마침내 학교를 중퇴하였다. 17세 때는 방에 누워 있다가 천장 한 귀퉁이에 작은 구슬 하나가 보이기에 일어나 잡아당겨 보니 염주가 나왔다. 이런 일이 있은 뒤부터 매일 옥수(玉水)를 떠 남산신께 바치고 재배하였다. 그러다가 그해 가을 일본에 건너가 철공장에 들어가서 일을 배우다가 19세 때 귀국하였다.

그가 21세 되던 해 아버지 생신에 소를 잡아서 그 고기를 먹었는데 들뜬 마음이 더욱 심해지면서 앓아눕게 되었다. 어느 날 꿈에 과천 관악산에서 할머니 한 분이 내려와 글씨 30자가 씌여진 종이를 내놓으며 그 가운데 한 자를 짚으라 하여 글씨 3자를 짚으니 "너는 때가 되어서 오는 2월에 알 일이 있으리라" 하고는 사라졌다. 또 그 뒤 꿈에 백마가 집으로 들어와 장씨를 물어 삼켜서 그는 백마의 뱃속에 들어갔다. 말의 뱃속에 들어가 보니 말의 내장이 환히 들여다보였고 뱃속에서 나와서는 안올림벙거지를 쓰고 백기, 홍기를 들고 그 백마를 타고서 "나는 백마장군이다"라고 외쳤다.

이런 일이 있은 다음날부터 그의 귓가에서는 늘 흰옷을 입으라고 하는 음성이 들렸다. 그래서 흰옷을 입고 있으면 개, 닭, 벌레가 물려고 덤볐다. 그래서 피하여 대문 밖으로 나가면 누가 똥을 끼얹어 옷을 갈아입는데 하루에 옷 3벌을 갈아입은 날도 있었다.

이런 증세가 계속되던 어느 날 용산역에서 사람 셋이 와서 신장기(神將旗)와 꽃을 가져가라 하여 용산역에 가 보았으나 아무것도 없었다. 이렇게 허탕을 친 뒤부터 장씨는 아무나 붙잡고 헛소리를 하게 되었다.

어느 날은 대문으로 하얀 할아버지 한 분이 호랑이를 데리고 백두산이라 쓴 기를 손에 들고 들어오는 것을 보았다. 조금 지나 그 뒤로 덕물산 최영 장군(崔瑩將軍)이 짚신 신고 칼을 들고 들어왔다. "저분이 누구냐"고 물으니 귓속에서 "최영 장군이다"라고 신명을 일러 주었다. 그래 장씨가 덩실덩실 춤을 추고 있는데 하늘에서 명주 두 필이 늘어져 내려왔다. 사다리가 되었으니 올라오라는 분부가 하늘에서 내렸다. 장씨가 명주 사다리를 타고 하늘에 올라가 보니 점잖고 위풍있는 대왕 두 분이 앉아 있다가 "너는 꽃밭에 물을 줄 사람이니 어서 내려가라" 하는 말이 떨어지자마자 누군가가 발길로 차서 하늘에서 뚝 떨어졌다. 그가 떨어진 곳은 백사장이었다. 그 백사장에는 글씨 30자가 있었는데 지금 장씨의 집 신단에 모신 30위의 무신이 그때 백사장에 적혀 있던 30자의 글씨였다고 한다.

장씨는 이런 증세가 계속되어 그가 21세 때 노량진에 사는 박수 김씨가 신이 내렸다고 내림굿을 해주었는데, 그때부터 미친 증세가 없어졌고 김씨를 따라다니며 굿하는 일을 배워 박수무당이 되었 다. 27세 때 결혼하였으나 첫날밤부터 아내가 싫어 한방에 들지 않았는데 이상하게도 결혼을 하면서부터 영험을 잃게 되었다. 그러 면서 장씨는 여자가 되어 태조대왕을 모시고 동침하는 꿈을 꾸고 자유당 시절에는 이승만 대통령을 모시고 자는 꿈을 꾸곤 하였다.

장씨의 성장 과정을 보면 그의 부친은 무학(無學)으로 장사를 했는데 성격이 거칠었고 그의 어머니는 장씨를 낳고 백일도 되기 전에 사망했기 때문에 얼굴조차 기억할 수가 없었다. 장씨는 11명의 아들 가운데 맨 마지막으로 살아남은 유일한 생존자로서 서모 밑에 서 늘 침울한 나날을 보냈다.

신병 증상의 특징

신병은 발생 초기에 증상의 차이를 보이고 있으나 전체적인 면에 서 볼 때 다음과 같은 공통적인 특징을 보인다.

발단 꿈이나 외적 충격에 의하여 일어나는 경우보다는 까닭없이 시름시름 앓다가 시작하는 경우가 많다.

식성 대개가 밥을 먹지 못하고 편식증이 생겨 냉수만 마시거나 또는 어, 육류를 전혀 먹지 못하고 소화불량 증세가 나타난다.

신체 상태 몸이 말라 허약해지고 사지가 쑤시거나 뒤틀리는 형, 한쪽 골이나 한쪽 가슴, 한쪽 어깨, 한쪽 팔이 아픈 편통증이 일어나는 형, 혈변(血便)이 장기간 계속되는 형, 늘 답답하고 어깨가 무거워지는 형 등의 신체 증상으로 나타난다.

정신 상태 마음이 들떠 안정되지 않으며 꿈이 많아지고 꿈속에서 신과 접촉하는 성스러운 장면을 본다. 꿈의 횟수가 많아지면서 의식이 희미해져 꿈과 생시의 구분이 흐려지며 이 상태에서 생시에도 신의 허상, 환각, 환청을 체험한다. 이런 상태가 심해지면 미쳐서 집을 뛰쳐나가 산이나 들판을 헤맨다.

증상의 경과 처음부터 정신 질환으로 되는 예도 있으나 대부분 신체 질환으로부터 정신 질환으로 이행한다.

병의 기간 장기적인 병이며 평균 8년, 아주 긴 기간은 약 30년까지도 나타나고 있다.

치료 의약 치료가 불가능하다고 믿고 있으며 의약 치료는 신병에 역효과를 가져와 증세가 악화된다고 믿는다. 이 증상은 강신한 신을 받아서 내림굿인 강신제를 통해 무당이 되어야만 치료된다. 나았다고 하여 무당의 일을 그만두면 다시 전과 똑같은 증세가 일어난다. 여기서 신병의 심리적, 종교적 양면성을 발견하게 된다.

종교적인 각도에서 보면 신병은 신의 계시에 의한 선택의 형식으로 나타나고 있다. 신병 환자들이 체험하는 신의 현몽, 신의 환상, 신의 말이나 굿하는 소리에 관계되는 환청과 환각이나 빙신(憑神) 상태에서 발성되는 신명을 부르거나 신과 관계되는 내용을 말로 하는 환성에서 무속의 종교성이 여실히 나타나고 있다.

외국과의 비교

앞에서 보아 온 한국 무당의 신병이 시베리아, 오스트레일리아, 아프리카, 아메리카 등지의 샤먼이나 주술사가 초기에 체험하는 병적 증상과 어떻게 비교될 수 있는가 살펴보기로 한다.

시베리아 야쿠트족 샤먼들은 샤먼이 되는 초기 단계의 체험에서 그들의 몸뚱이를 쇠갈고리로 사지의 각을 떠서 팔과 다리를 분리시키고 살을 깎아 내어 뼈만 남기고 눈알을 잡아빼거나 팔과 다리를 칼로 토막토막 내고 몸통만 내동댕이쳐 며칠이고 버려 두었다가 다시 잘라 낸 뼈마디와 사지를 맞추어 놓는 체험을 겪는다. 물론

야쿠트족 샤먼의 관 사슴뿔 모양의 관을 쓴 시베리아 야쿠트족 샤먼. 1981년 촬영, 코펜하겐 민족박물관 소장.

이것은 정신 이상 상태에서 겪는 환상이다.

야쿠트족 샤먼들의 설명에 의하면 마령(魔靈)이 샤먼이 될 사람의 혼을 데리고 지하계에 있는 마령의 집 속으로 들어가 3년 동안 머무는데 여기서 샤먼이 되는 계기를 얻는다. 그 마령은 샤먼이 될 사람의 머리를 잘라 옆에 치워 놓고 다시 몸뚱이를 잘게 쪼갠 다음 그 부분마다 여러 가지 병의 귀신을 고루 분배시킨다. 샤먼이 될 사람은 오직 이와 같은 시련을 겪어야만 구제될 힘을 얻어 그의 뼈에는 새로운 살이 오르고 경우에 따라서는 새 피를 받게 된다.

야쿠트족 샤먼의 복장
동경, 종 등을 달아 맨 야쿠트족 샤먼의 복장. 1981년 촬영, 코펜하겐 민족박물관 소장.

통구스족 샤먼들도 초기에 샤먼의 조상신들이 와서 샤먼이 되는 계기를 부여해 준다. 이때의 조상신들이 부여하는 것은, 샤먼이 될 사람이 의식을 잃고 땅에 쓰러질 때까지 화살로 꿰뚫어 쑤시고 그 다음에는 몸뚱이에서 살점을 찢어 떼어 내고 뼈를 추려 낸다. 그리고 몸에서 흐르는 피를 조상신들이 마시고 목을 쳐서 머리를 끓는 기름솥에 던져, 뒤에 샤먼의 복장에 부착할 금속 제품의 조각으로 만들어 내는 체험을 하게 하는 것이다.

부리야트족의 샤먼들도 초기에 조령(祖靈)들로부터 고문을 받으며 사지와 몽뚱이를 토막토막 잘라 내는 체험을 한다.

오스트레일리아의 주술사나 주의(呪醫)들은 초기의 체험에서 먼저 동굴로 들어간다. 그러면 토템 영웅신 둘이 나타나 그를 죽여서 몸을 갈라 두 쪽으로 배를 가르고 내장의 모든 기관들을 꺼낸 뒤 주술적인 물체를 넣어 다시 제자리에 맞춰 꿰매 놓는다. 다음은 그 토템의 영웅신이 그의 모든 뼈를 추려다 주술적인 물체와 함께 다시 제자리에 박아 놓는다. 이 기간 동안은 주술의 지배자가 주술사가 될 후보자를 감시하며 불을 밝히고 그 후보자의 망아적(忘我的) 체험을 관찰한다.

아메리카 샤먼들의 경우도 초기에는 조령들로부터 죽음을 당하는 체험을 하고 맨발로 불 위를 걸어가면서 치아나 눈동자가 찢겨 나가는 것을 체험한다. 또 북아메리카의 샤먼들은 초기에 독한 약을 먹고 엑스터시에 빠져 조령들로부터 고문을 당하는 동안 땅 위에 시체처럼 누워 거적으로 덮어 놓는다. 이 경우는 인위적인 '엑스터시'로 볼 수 있다.

아프리카에서도 '메디신 맨(Medicine man)'이 영력을 얻는 초기에 신비로운 꿈, 불가해한 병, 자신이 죽었다가 다시 살아나는 환각을 보며 신들이 찾아와 자신의 머리, 팔, 다리 등 신체를 칼로 잘라 내는 환각을 체험한다.

인도네시아의 '마낭(Manang-shaman)'도 위의 예와 유사한 체험을 하며 자신의 머리를 잘라 내고 뇌를 꺼내 마령의 신비력을 넣어 다시 머리 안에 넣는 체험을 한 다음 엑스터시에 빠져 하늘을 여행하게 된다.

지금까지 보아 온 샤먼, 주술사, 주의들이 초기에 반드시 신비적인 병을 앓고 이 신비적인 병에 의해서 영력이나 주력을 획득할 수 있는 계기가 되고 주술자가 되어 신을 섬김으로써 이 병이 완치된다는 것이 일치되고 있다. 또 증상의 내용을 보면 이상스러운 꿈이나 망아적 환각 속에서 자신의 신체가 신에 의해 할단(割斷)되었다가 다시 부활하고 이런 죽음이 영력을 얻는 계기가 된다는 점이 일치된다. 그리하여 이러한 증상의 신비적 체험은 영력을 행사하는 직능자들이 공통적으로 거치는 과정이 됨과 동시에 이것은 또 미개 문화권에서 나타나고 있는 세계적 공통성을 갖게 된다. 특히 사지 할단의 모티브와 죽었다 살아나는 재생의 모티브는 인간이 체험할 수 있는 종교적 체험 가운데 가장 원초적인 것이다. 다시 말하면 인간 심령의 차원을 바꾸는 인간의 새로운 탄생이라는 데 의미가 있다.

이상의 미개 지역 샤먼의 이니시에이션(initiation)은 한국의 무당이 체험하는 신병과 비교할 때 심도의 차이는 있으나 성격적인 면에서는 같은 것으로 나타나고 있는 종교 체험 현상이라 생각된다.

한국이나 일본 등 문화 민족 지역에서 사지 할단이나 주력(呪力) 주입을 위한 신체의 해체 모티브가 발견되지 않는 것은 미개 민족의 샤먼이 체험하는 격렬하고 야성적인 원시 그대로의 체험에 문화적 사고가 더해져 그 원초적인 것이 여과되었기 때문이라 생각된다. 이 양자의 차는 문화적 배경의 차이에서 오는 것으로 보인다.

신병의 의미(종교적 재생)

신병의 특징은 꿈, 환상, 환청, 환성의 내용이 주로 신을 전제로 하고 있으며 이 증상의 치료 방법 역시 신을 맞아 무당이 되어 굿에 종사해야만 낫는다고 믿는 데서 신병이 종교 체험이라는 확증을 얻게 된다.

한편 종교가 인간의 심리 현상과 격리될 수 없는 것이고 또 신병이 일반 질병 증상과 다른 불가해한 정신병 계통이라는 데서 신병은 종교적, 심리적 양면성을 동시에 생각하게 된다. 그러나 개인의 심리적인 문제가 원인이 되어 정신 이상이 생겼더라도 그 자신이 처한 문화적 배경에 따라 증상이 다르다.

이렇게 볼 때 신병의 현상적 증상은 기존의 무속적 종교 질서를 전제로 하고 있기 때문에 결과적으로 종교 현상의 하나라 할 수 있다. 곧 신병의 현상적 구조를 보면 신과 인간이 수직으로 직결되어 있다. 인간의 의지 활동에 의해 창조된 문화 현상으로서의 기존 종교 현상이 존재하고, 전승되고 있는 기존의 종교 현상 속에 신은 이미 존재한다. 그래서 신은 인간의 의식 속에 어떤 형태로든지 존재하게 마련이다.

인간의 마음이 기존의 종교에 몰입하여 그 속에서 기존의 신과 수직 관계를 맺어 신을 체험할 때 인간의 사고 단계가 현실과는 이질적인 것이어서 신과의 수직 관계가 성립되는 신화적 사고의 차원에 들어가게 된다. 이런 관계로 신병은 전통화한 기존의 종교적 현상을 전제로 하여 그 속에 몰입될 때 신을 의식하고 체험하는 종교적 체험 현상으로 보인다. 종교적 체험은 신의 인식을 전제로 하기 때문에 궁극적으로 인간 이상의 초월적인 절대자 신을 만나 그 능력을 체험해서 전수받아 그 절대자와 같이 행동화하려는 형식으로 나타나고 있다.

이런 점으로 보아 무의 신병은 신이 선택된 인간에게 내려 주는 계시적 체험이라 볼 수 있고, 그 선택된 인간은 이와 같은 계시적 체험을 통해 완전히 의식 구조가 바뀌어 비범한 초월자로 되어 신의 추종자나 신격적 존재로 인식하게 된다.

이상과 같은 신병의 종교적 재생 의미는 앞에서 예시한 시베리아, 아프리카, 아메리카 등지 샤먼의 이니시에이션에 나타난 공통적인 사지 할단의 '디스멤버먼트(dismemberment)' 모티브와 이 사지 할단의 체험 기간 중에 가사(假死) 상태로부터 부활되는 재생의 모티브에서 그 맥을 짚을 수 있다.

특히 북아메리카 인디언의 샤먼이 독한 약물을 먹고 인위적으로 엑스터시에 빠져 샤먼의 후보자가 가사 상태에 이르면 그를 거적으로 덮어 죽은 시체로 가정하는 의식은 샤먼의 이니시에이션에 대한 종교적 재생의 원래 의미를 의식으로써 설명해 주는 좋은 자료가 된다.

성무 의식(강신제)

앞에서 본 신병 증상이 나타나면 먼저 병으로 보고 백방으로 손을 써서 치료해 보려고 노력했다가 무당이나 점쟁이에게 찾아가 최후로 점을 보게 된다. 여기서 강신으로 인한 신병이라는 진단이 내리면 어쩔 수 없이 신의(神意)를 거역할 수 없다고 하여 강신한 신을 받아 무당이 되는 성무 의식의 굿을 하게 된다. 이 굿을 내림굿 또는 신굿이라고 부른다.

내림굿은 신이 무당이 될 사람에게 내린다는 강신의 뜻으로 사용된다. 신굿은 인간의 소망을 기원하는 일반적인 굿과는 다른 전문적인 '강신굿의 신사(神事)'라는 의미가 내포되었다고 볼 수 있다. 신의 소명에 의한 신병으로 진단되면 날을 잡아서 내림굿을 한다. 내림굿을 주관하는 무당은 무의 사회에서 덕망있는 유능한 무당이라야 한다. 굿을 하는 날에는 관심있는 부녀들이 굿판에 모여든다.

성주굿 무당이 모시고 있는 신에게 올리는 굿인 진적굿 가운데 성주굿에서 성주신이
내려 공수를 주고 있는 무당. 서울.

굿하는 장소는 강신자의 집이나 굿을 주관하는 무당의 집 또는 굿당
가운데 형편에 따라 장소를 택하게 된다.

　내림굿 절차는 그 지역 무속의 일반 절차에 따르는데, 특별히
내림굿이라는 신맞이 절차가 따로 첨가되어 대개 조상굿을 끝낸
다음 곧바로 하게 된다. 서울 지역을 보면 부정굿, 가망굿, 상산굿,
제석굿, 신장굿, 조상굿을 하고 내림굿에 들어간 다음 나머지의 굿
절차가 계속된다. 굿상에 바치는 제물도 일반굿과 같다. 내림굿에
사용되는 신명상(神名床)이 따로 준비되고, 일반적인 굿 절차는
굿을 주관하는 무당이 맡아 하는데 내림굿만은 강신자가 혼자서
주관한다.

장군굿 서울의 진적굿 가운데 장군굿에서 장군신이 내린 무당.

내림굿에 들어가게 되면 굿에 사용되는 무복 전부(약간의 차이는 있으나 서울 지역의 무복은 약 10종)를 강신자에게 포개어 입혀서 굿상 앞에 절을 시키고(절의 횟수는 일정치 않고 정성에 따라 많이 할수록 좋다), 굿상 앞에 세워 둔 채 무당이 강신 축원을 하면서 장구와 제금 등 무악기를 격렬하게 두드린다. 강신자는 제정신이 아닌 채 발이 떨어지지 않다가 신이 내리면 어깨가 떨리면서 그 진동이 전신으로 번지며 발이 마룻바닥에서 떨어지며 그때 맹렬한 도무로 무악에 맞춰 황홀경 속에서 한동안 춤을 춘다. 그리고 나서 바깥쪽으로 향해 차려 놓은 신명상 앞으로 내림굿을 해주는 무당에게 인도되어 자신에게 내린 신이 어떤 신인가를 확인하게 된다.

신명상 위에는 9개의 종지에 쌀, 참깨, 콩 따위의 곡물을 각각 담아 놓고 백지로 덮어 잡아맨 것이 놓여 있다. 무당의 지시에 따라 그 가운데서 어느 것이든 마음대로 종지 하나를 강신자가 집어들면 무당이 그 속에 든 곡물을 확인하여 신명을 가르쳐 준다. 쌀은 제석신, 콩은 군웅신, 참깨는 산신으로 상정한다. 이때 알아낸 신명의 신이 강신자에게 내린 신으로 일평생 그가 모시게 될 몸주신이 된다. 그리고는 말문이 열려 신의를 전하는 공수가 내린다. 이때의 첫 말문이 제일 영통한 것이라 하여 이웃에서 모여든 부녀들이 앞을 다투어 돈을 걸고 자기들의 신수점을 친다. 이 신점이 끝나는 것을 마지막으로 내림굿 절차가 끝나고 그 다음의 일반굿 절차를 계속하여 굿을 전부 마치게 된다.

이후로는 강신자가 집에서 몸주신을 봉안하고서 내림굿을 주관해 준 무당을 스승으로 삼아 스승 무당이 굿하는 데를 따라다니며 조무 노릇을 하면서 굿을 완전히 익혀 독립할 때까지 무사(巫事)를 배우게 된다.

이 스승 무당과 강신자 사이에는 내림굿을 해준 것을 인연으로 무업(巫業)의 조직이 성립되어 스승 무당을 신어머니, 강신자를 신딸, 박수는 신아들이 된다. 그러나 신병에 걸려 내림굿을 하였다 해서 전부 무당이 되는 것은 아니다. 강신자의 재능에 따라 장차 큰무당이 되느냐 아니면 평생 선무당이나 조무로 일생을 마치느냐 하는 것이 결정된다. 우선 암기력이 좋아야 며칠이고 계속해서 할 장편의 구송 서사물 무가를 외울 수 있다. 무당들이 대체로 무식했기 때문에 굿에 따라다니며 스승 무당의 무가를 들어서 암기했다. 가끔 한글을 깨우쳐 무가를 기록한 책을 놓고 외는 경우도 있다. 무가를 외고 굿 절차를 배우는 학습 기간은 개인의 능력에 따라 차이는 있지만 대략 3년의 기간이 필요하다.

이상의 성무 의식은 다음과 같은 종교적 의미가 있는 것이라 생각된다.

첫째로 신의 소명을 자신이 직접 구체적으로 확인하는 계기가 된다. 곧 지금까지 자신도 모르는 신비적 체험을 하고 무당이나 점쟁이가 막연하게 신병이라고 알려 주던 것이 자신이 직접 신을 구체적으로 확인하여 그 신의 소명에 대한 종교적 사실을 인식하게 된다.

둘째는 소명한 신의 사자로 무당이 되어 추종하겠다는 선서의 의미를 암시한다. 여기서 자신에게 내린 신명을 구체적으로 확인하고 확인된 신을 몸주신으로 평생 봉안하며 영력의 원천으로 인식한다. 그러므로 이 소명한 신을 굿에서 자신이 최초로 추대하고 그 밑에서 사자로 무당이 된다는 것을 민중 앞에서 공증한다는 암시적인 의미가 있다.

셋째는 자신의 영력을 민중이 심판하여 민중으로부터의 공공적 신권자로서의 무라는 것을 공인받아 무의 자격을 획득한다는 의미가 된다.

성무 의식과 같은 성격의 것이 시베리아, 북아메리카, 아프리카, 동남아 등지의 샤먼과 주술사 들의 이니시에이션에도 나타나는데

작두 굿상 앞에 놓인 작두. 장군신이 실리면 무당이 이 작두 위에 맨발로 올라서서
춤을 추게 된다. 작두는 날이 예리할수록 발이 버지지 않으며, 작두를 갈 때는 한지로
입을 봉하고 정결한 마음으로 갈아야 한다. 만약 갈 때 딴생각을 하거나 옆사람과
이야기를 하면 부정이 타서 무당이 작두를 타다가 발이 버진다고 한다.

민중의 공인을 획득하는 의미가 있다. 시베리아 야쿠트족 샤먼의
이니시에이션에 나타나는 한 예를 보면, 민중인 씨족원들이 모인
가운데서 성무 의식과 같은 의식을 세 번 치러야 하는데 이때 신
앞에 사자가 되었음을 선서하고 의식을 위해 옮겨다 심은 백화(白
樺) 나무 위로 샤먼이 될 사람이 올라가 그의 영혼이 천상계로 여행
하여 영계로 왕래한다는 것을 보여 준다. 이때의 백화나무는 우주의
중심축에 서 있는 우주의 통로를 의미하는 우주적 성수(聖樹)이기
때문에 이 우주의 성수를 통해 지상과 천상의 왕래가 가능하다고
믿는다.

작두타기 장군신이 내려 작두에 오르는 무당. 서울.

세습무의 성무 과정

강신무가 영통력을 갖고 신과 교통하여 영계를 왕래하는 데 반하여, 세습무는 영력이 전혀 없이 오직 굿을 집행하는 종교 의식상의 사제권에 국한된 느낌을 준다. 그러면서도 이 세습무는 무속상의 종교적 통제권을 유지하면서 세습적인 계승 체계를 갖는 것은 이 계통무가 갖고 있는 사제의 세습적 계승권에 있는 것이라 볼 수 있다.

이와 같이 세습무는 사제에만 그 기능이 국한되어 있기 때문에 영감이 전혀 없어서 이것에 의해 해결해야 하는 문제들은 전부 다 점쟁이에게 의존하고 있다. 곧 굿을 해야 하는 이유와 굿할 날짜의 택일을 점쟁이가 영력에 의해 결정해 주면 세습무는 이에 따라 굿을 한다. 점쟁이의 영점(靈占)말고 세습무가 점에 준하는 일을 하기도 하는데, 이것은 영력에 의한 점이 아니고 책력을 놓고 육갑이나 일진을 짚어 신수를 보는 정도이다. 이와 같은 방법으로 굿할 날을 택일하는 예도 있지만 호남 지역에서는 영력에 관한 문제는 일단 점쟁이(점바치)에게 위임하는 이원적 분화 체계가 서 있다.

무속상으로 강신무가 영력에 의해 신의 뜻에 따라 무가 되는데 이것을 선천적이고 자연적인 것이라 한다면, 세습무의 성무는 후천적이고 인위적인 것으로 볼 수 있다. 그러면서도 무가 인위적으로 세습되는 밑바탕에는 오늘날 현대인의 눈으로 식별하기 어려운 고대 사회의 종교적 제도의 사회성이 깔려 있는 것이라 생각된다.

무의 단골 조직

호남 지역에서는 무를 단골(당골, 당골네, 당골에미, 당굴, 단굴)이라 부르고 일정한 관할 지역인 단골판을 갖고 있다. 단골판은 무의 조상 대대로 그 소유권이 후대 무에게 계승되고 있다.

단골판은 자연 부락 단위 또는 문중 단위로 구획되어 단골무 한 사람이 5, 6개 부락에서 많으면 10여 개 부락까지 소유하게 되어 보통 5백 호 안팎으로부터 많으면 1,500호 정도까지 소유한다. 그래서 단골은 자기의 단골판 안에 거주하는 주민들의 요청이 있을 때는 언제든지 보수의 많고 적음을 떠나서 굿을 해주어야 할 의무가 있고, 주민들은 단골에게 굿이나 기타 신사를 보살펴 준 대가로 매년 보리와 벼를 철마다 제공해야 한다.

단골에게 제공하는 양은 보리와 벼가 각각 2, 3되 많으면 1말이 된다. 지역에 따라서는 현재도 단골에게 숫곡식을 바치는 곳도 있으나 대부분의 지역이 받걷이 또는 동냥이라 하여 단골이 자기의 단골판 안에서 거둬 가고 있다. 그러나 해방 직전까지만 해도 철이 되면 숫곡식 1섬씩을 단골 집으로 가져왔다는 말을 현지의 노무(老巫)들로부터 들을 수 있었다. 따라서 이 단골판은 철저하게 소유권 제도가 실시되고 있어서, 다른 단골이 타인의 단골판 안에서 굿을 하는 일이 그들의 계율로 금지되고 있으므로 단골판이 없이는 굿을 할 수 없다.

단골이 다른 지방으로 이사가면 원래 가지고 있던 단골판을 팔고 이사가는 지방에 가서 새로 단골판을 사야 한다. 또 개인의 사정에 의해 무업을 중단할 경우에는 형편에 따라 단골판을 세 놓기도 한다. 요즘도 이와 같은 단골 조직의 규율에 따라 단골판이 현금으로 매매되고 있다.

오씨(1968년 7월 29일 조사, 전남 완도군 노화도 거주, 남, 공인 巫樂士, 74세)는 전남 해남군 부평면 남창리에서 살다가 1963년 3월 4일 현거주지로 이사와서 단골판 4백여 호를 단골 박모씨로부터 소유권에 대한 권리 7만 원을 주고 샀다. 그런 뒤 단골판을 확장하여 9개 부락 총 1,500여 호의 단골판이 되었다.

이와 같은 성격의 단골판을 기반으로 무가 혈통적 세습에 의해 계승되고 있는데, 이 단골판이 현재는 무속상의 종교적 소유권이 적용되는 특정 관할 구역에 지나지 않지만 그 역사상의 의의는 고대의 정치, 사회적 비중을 갖는 것이라 생각된다.

세습무의 무 계승 체계

호남 지역말고도 영남, 제주도 지역과 호서 일부 곧 경기도 화성군을 포함한 충남, 충북 지역도 세습무가 계승되는 지역인데 이곳에서는 무를 학습하여 혈통을 따라서 무가 계승된다. 그러나 무의 계승에서 나타나고 있는 문제점은 무녀가 남자 쪽인 조(祖), 부(父), 자(子), 손(孫)으로 세습되면서도 무의 신사를 주관하는 것은 그 처인 여자가 맡아서 한다는 점이다. 그런가 하면 같은 세습무의 분포 지역인 제주도에서는 무의 계승권과 신사의 사제권을 남자쪽이 동시에 소유하고 있다.

이렇게 무계가 남자 쪽을 따라 혈촌에 의해 세습되고 여자는 8, 9세부터 무가를 암기해서 성장하면 무의 아들과 결혼하여 시댁에 들어가서 남편과 함께 시어머니를 따라다니며 굿판에서 굿하는 절차와 기능을 배우게 된다. 결국 가계를 잇는 사제권은 남편에게 이어지고 그의 처는 사제권자인 남편에게 사제의 기술을 제공하는 형식으로 나타난다. 그러나 무속상의 사제권만 가지고는 민간인에게 종교적 욕구를 충족시킬 수 없는 또 하나의 고충이 이 세습무에게 따른다.

강신무는 영적 카리스마(charisma)로 민간인의 종교적 욕구를 충족시켜 주지만, 세습무는 이 영적 카리스마 대신 제도적 카리스마에 의한 사회적 제도화의 현상이기 때문에, 영적 카리스마가 강화되어 사회적 기능으로 확대된 뒤의 얼마 동안은 이 제도적 카리스마 현상으로서의 그 사제권의 계승자가 보다 우위에 있었을 것이다. 그러나 사회 제도적 카리스마로 군림한 세습무는 종교 의식을 제도적 카리스마 이전보다 강화시켜 체계적으로 조직화하는 데에 주력하게 된다. 그 결과 종교 의식으로서의 굿 전과정이 지극히 상징적이면서 이것이 예능화하기에 이른 것이라 생각된다.

세습무가 지니고 있는 무가(巫歌)의 문예적 발전과 음악, 무용의 다양한 예술적 경지는 바로 위에 말한 종교 의식의 조직화 현상으로 보인다. 세습무의 굿이 종교 의식의 조직화에 신경을 쓴 나머지 그 절차를 신중히 섬세하게 다루는 과정에서 차츰 예능화하여 민간인들로부터 '놀이굿'이란 이름이 붙는가 하면, 강신무는 영적 카리스마를 위주로 하여 주로 영적인 것에 의존하는 경향이 많다.

앞에서 제기된 단골 제도를 다시 보기로 한다.

강신무가 아직도 신화의 차원에서 신과 수평적 대화를 교환하고 있다면, 세습무는 신과의 수직적 관계에서 신을 향한 무의 일방적인 의사 전달 형식이다. 강신무는 무의 의사를 신에게 전달하고 신의 의사를 또 인간에게 전달해 주며 접신 상태에서 영계를 탐지한다. 또 강신무는 한 지역 안에 얼마든지 그 영력의 기능에 따라 존재할 수 있다. 곧 강신무는 시간과 공간을 초월하여 한 지역 안에서 신과 직접 수평적 관계를 맺고 있는 초월적 존재이다. 그러나 세습무는 한 지역 안에 무 하나가 존재하는 것을 원칙으로 한다. 여기서 무가 한 지역에 무 하나만이 존재하기까지는 이것이 사회적 제도화의 조직을 통하지 않고는 불가능했다. 곧 강신무의 초단계적 혼돈 상태에서 조직적 제도화의 체제로 접어들어 마침내 무의 신권적 사제권이 확립되어 사회적으로 정착된 것으로 보인다.

무의 사회적 제도화를 통한 발전을 2단계 진화 과정으로 본다면, 이 단계의 무가 갖는 주요한 기능은 점차 사회 전반의 공공성을 띤 집단체의 사제로 집약되면서, 직능상의 전문화 내지 초인적인 존재의 신권적 통수권(統帥權)으로 인해 사제권이 사회적으로 확대, 정착되어 세습화의 단계로 들어가게 된 것이라 생각된다.

풍어제 아래는 풍어를 기원하는 뱃기를 들고 신당으로 올라
가는 과정이고(충남 서산), 네모 안의 사진은 풍어를 기원
하는 선상(船上)의 굿을 하는 것으로 왼쪽에 가면을 쓴
사람이 무당이다(황해도 연백).

이와 같은 2단계 무의 진화 단계와 같은 것은 시베리아 북부의 에스키모족과 부리야트족의 샤먼, 남부 시베리아의 세습 샤먼을 비롯하여 남아프리카 남부, 수단, 말레이지아, 수마트라 등지의 주의 (呪醫), 동부 아프리카 왐부케족의 마술사가 세습적으로 계승되어 추장이라는 사회적 지위를 갖고 있으며, 오스트레일리아의 여러 부족의 추장이 공적 주술사로서 세습되고 있는 것을 그 진화상의 예로 비교할 수 있다. 한편 기독교가 1세기의 카리스마적 지도자에 의한 교회에서, 2세기의 사제적 감독의 지도자에 의해 교회가 조직화되어 사도권의 계승이 확립된 것도 종교 진화의 한 예로 비교할 수 있다.

이와 같이 무가 일반 종교사적 진화 단계에서 사회적 기반을 갖고 정착하게 되었다는 것은 오늘날에도 세습무의 혈통적 세습에서 찾아볼 수 있다. 호남 지방의 단골이 대대로 그 소유권을 상속하고 있는 것도 단골판의 상속 제도에서 입증된다.

동부 아프리카 여러 부족들의 주술사가 추장으로서 신권적 기능에 의해 부족들로부터 세금을 받는 것과 같이 단골이 과거에 그들의 소유권이 미치는 단골판 안의 주민들로부터 신권적 기능으로 세금 또는 신께 바치는 공물로 매년 신곡이 날 때마다 곡식을 거둬들였다. 이것이 오늘에 와서는 그 신권적 기능이 약화되어 곡식을 받으러 다니기도 하고 단골판을 매매하기도 한다. 따라서 단골의 소유권과 그에 따르는 상속 제도는 오늘날에 이르러 단순한 무속의 종교적 관할 구역 역할을 하고 있다. 하지만 한국의 단골판을 전기 아프리카, 오스트레일리아, 아메리카 인디언족의 주술사와 비교해 볼 때 이 단골판은 무가 제정자로서 일정한 지역의 영토를 관할하였던 그 영토권에 대한 잔해가 제정이 분리된 뒤에도 원래의 보수적 신앙성을 고수하며 계속 사제권으로서 계승되고 있는 것으로 본다.

무속의 원본(原本) 사고

무당이 체험하는 강신 체험은 현실계의 가치 체계 일체를 거부하는 것으로 현실계의 종말을 의미하는 것이다. 현실의 종말은 죽음을 의미하는 것이고 이 죽음을 통해 강신 체험자는 현실계 밖에 있는 또 다른 세계 곧 카오스(chaos)로 들어가게 된다. 생과 사, 지속과 단절이 끝없이 반복되어 가난과 질병, 죽음이 계속되는 괴로운 현실을 벗어나 영원계인 카오스로 들어가는 것이다.

카오스는 어둠이며 혼돈인 채 공간 형체가 없어 시작도 끝도 없는 무공간, 무시간의 영원계이다. 이와 같은 카오스에서 개벽이 시작되어 하늘과 땅이 열려 천지의 질서가 생기고, 여기서 하늘과 땅이라는 공간이 처음 생겨난다. 천지가 개벽되어 생긴 우주 공간 속에 인간을 비롯한 삼라 만상이 생긴다. 그러나 우주 안에 있는 만물은 공간성이 지속되는 시간 조건 위에 있는 것이기 때문에 출발부터 끝이라는 종말이 전제된 존재이다.

인간이 죽어서 영혼이 영원하다고 믿는 것을 보면, 존재를 이원화시켜 인간의 원질(原質)은 변화가 없고 그 외적 공간만이 변화되는 것으로 보았던 것이다. 죽음을 통해 인간은 불가시적 영원계 카오스로 회귀하여 영원의 존재가 된다. 그래서 영혼은 형체가 없되 영원한 존재로 영생한다고 믿는다. 이렇게 해서 모든 존재의 근원을 카오스로 보고 여기서 '코스모스(cosmos)'로 공간 존재가 되어 나왔다가 다시 카오스로 회귀하여 그 존재의 순환 운동이 계속 반복된다고 보는 자연 그대로의 원사고(原思考)가 무속의 원본 사고라 생각된다.

이와 같은 무속의 원사고를 편의상 원본(arche-pattern)이란 용어로 묶어서 사용하고자 한다.

무의 신병 체험이 존재 근원인 카오스의 세계로 들어가 존재를 영원으로 순환 촉진시키는 존재로 재생하기 위한 것이고, 이렇게 체득한 기반 위에서 무속의 제의가 이루어진다. 무속의 원본 사고가 체계를 이루고 나타난 것이 신관, 우주관, 영혼관, 무신화(무가) 등이라 생각된다.

무속의 신관

무속에서 어떤 신을 어떻게 보고 또 어떤 형태로 믿고 있느냐 하는 신관의 문제는 곧 무속의 본질적 문제와 상관된다. 그리고 무속이 고대로부터 오늘에 이르기까지 민중 속에 살아 있는 현재의 종교로 자리잡고 있는 점으로 보아, 무속의 신관은 그것이 곧 민중의 재래 신관 내지 종교관과 관계가 깊다.

무속의 신관 형태를 보기 위해 순서상 먼저 무속에서 어떤 신을 신앙하고 있는가, 그 신앙의 대상이 되는 신부터 찾아보기로 한다.

무속의 신앙 대상신으로는 굿 제의의 주제신, 무신도로 봉안된 신, 동제 신당의 제신, 가신 등이다. 무신을 이 네 부문에 걸쳐 필자가 조사 집계한 바에 의하면 총 273종에 달한다. 여기서 동제 신당

표. 무신의 계통별 분류

자연신(自然神) 계통의 무신	천상신(天上神) 계통	천신(天神) 계통 일신(日神) 계통 월신(月神) 계통 성신(星神) 계통
	지신(地神) 계통	
	산신(山神) 계통	
	노신(路神) 계통	
	수신(水神) 계통	수신(水神) 계통 용신(龍神) 계통
	화신(火神) 계통	
	풍신(風神) 계통	
	수목신(樹木神) 계통	
	석신(石神) 계통	
	방위신(方位神) 계통	
	문신(門神) 계통	
	신장신(神將神) 계통	
	아귀(邪鬼) 계통	
	명부신(冥府神) 계통	
	역신(疫神) 계통	
	동물신(動物神) 계통	
	농신(農神) 계통	
	산육신(産育神) 계통	
인신(人神, 英雄神) 계통	왕신(王神) 계통	왕신(王神) 계통 왕비신(王妃神) 계통 왕녀신(王女神) 계통
	장군신(將軍神) 계통	장군신(將軍神) 계통 장군 부인, 딸 계통
	대감신(大監神) 계통	
	부인신, 각시신 계통	
	무조신(巫祖神) 계통	
	불교신 계통	
	도교신 계통	
	일반인신 계통	
기타		

의 제신, 가신은 일반적인 동제나 가신의 신이지만, 이 신을 무당이 무신으로 신앙하는 복합성이 있기 때문에 무신의 범위로 취급한다. 무신을 계통별로 분류하면 표와 같다.

무신은 명칭상의 종류로 보면 73종에 달하고 있으나 다시 계통상으로 분류하면 위에서 본 바와 같이 자연신이 22계통, 인신이 11계통, 기타 1로 총 34계통이며 비율로 보면 자연신 계통이 63.6퍼센트, 인신 계통이 33.3퍼센트, 기타 3.1퍼센트가 된다. 그리고 무신의 계통별 비율 순위를 보면 자연신 계통의 경우 인간의 일상 생활과 가장 밀접한 자연물인 땅, 물, 산, 하늘의 순위가 되고 인신의 경우는 장군신, 왕신, 불교신, 도교신, 무조신의 순위가 되어 영웅이 종교적 인물보다 신앙의 대상이 되고 있다.

이상으로 지금까지 무속에서는 자연 만물이 그대로 신앙 대상이 된다는 막연한 추정은 일단 그 한계가 잡혀서 무속의 구체적인 신앙 대상이 밝혀졌다. 그러면 이들 무신은 무속에서 어떤 형태로 존재하고 있는가 살펴보고자 한다.

무속의 신관 형태

형태적인 면에서 볼 때 무속의 신관은 다신적 자연 신관으로 볼 수 있다.

신앙 대상이 자연신과 인신의 두 계통으로 대별되고 이들 신은 대체로 인격을 갖추고 나타나지만, 자연신의 경우는 애니미즘(animism)단계의 사고가 작용하는 경우도 있다. 그러나 이들 무신은 인간에게 어떤 이성적인 계시를 통하여 그 능력을 인도, 행사한다기보다는 무서운 고통을 주는 벌로써 신의 의사를 전달하기 때문에 비록 인간을 수호해 주는 선신일지라도 늘 공포의 대상이 된다. 이런 관계로 신앙하는 신을 숭배하여 따른다는 거룩한 마음보다는 신의 의사에 어긋나면 무서운 벌을 받는다는 공포감이 언제나 선행

칠성신 칠성신은 명을 길게 이어 주는 신으로 사람이 오래 살 수 있는 것은 이 칠성신이 보살펴 주기 때문이라고 믿어 칠성신을 위한다. 서울 지역에서 칠성신으로 모시는 무신도이다.

한다.

굿을 하는 집 주인이 부정해서 화를 입었다든지, 부정한 몸으로 성역에 들어갔다가 급사하였다든지, 제를 잘못 지내서 산이 덧난다든지 하는 것은 바로 신의 벌을 가리키는 것이다. 신에 대한 이와 같은 공포감은 신성의 극치를 전제로 하여 일어날 수 있는 종교적 공포의 극한 현상이라 볼 수 있다. 그러면 이들 신은 인간에게 어떤 일을 해주고 있는가. 무속에서는 인간의 생사, 흥망, 화복, 질병 등의 운명 일체가 신의 의사에 따르는 것이라 생각하고 있다.

화덕벼락장군님 무신은 일상 생활과 밀접한 관계에 있는 물, 불, 땅 등의 자연
물 계통의 무신이 가장 많이 봉안된다. 서울 지역에서 화(火)신으로 모시고
있는 무신도이다.

무속신화인 무가에 의하면 지상에는 원래 인간이 없었는데 삼신이 최초로 이 세상에 인간을 점지해 내보내고, 이로부터 동네마다 가가호호에 삼신이 있어서 아기를 태어나게 해준다고 한다.

지금도 민가에는 안방 아랫목이 삼신 자리라고 해서 아기가 없는 여인이 아기를 얻기 위해 이곳에 제를 지내고 또 해산한 뒤에도 삼칠일이 되면 이곳에 산모의 속곳을 접어 놓고 그 위에 삼신상을 차려 아기의 무병 장수를 빈다. 그리고 아기가 출생한 뒤부터 7세까지는 이 삼신이 받들어 주어서 탈없이 성장하고 7세부터는 칠성신이 보살펴서 장수한다고 믿는다. 또 사람이 죽을 때는 저승을 주재하는 신의 의사에 의하는 것인데, 이 신이 저승에서 보낸 사자가 망인의 목을 옭아 가는 것이라 믿고 있다.

저승의 명부를 주재하는 신은 십대왕이 있고 사람이 죽으면 영혼은 이곳 십대왕전을 차례로 거치며 생전의 선악에 대한 심판을 받아, 선행자는 낙원(樂園)으로 왕생시켜 영생을 누리게 하고 악행자는 지옥으로 보내어 온갖 고생을 한다는 내세관이 뒷받침되고 있다. 그러나 이같은 사후의 내세관은 불교의 영향을 받아 많은 변화를 가져왔을 것이라 생각된다. 살았을 때는 재복과 행운을 주재하는 성주신, 업신, 대감신, 제석신 등이 있어서 이들 신의 의사에 따라 부귀 흥망이 좌우된다고 믿는다. 이상과 같이 인간의 생사, 화복, 흥망의 일체가 신의에 달려 있는 것이라 믿는다면 신과 인간 사이의 윤리적 관계가 희박한 것이라 생각된다.

무속은 주술적 자연 종교 형태의 것으로 인위적인 종교적 조직 체계를 갖추지 못했기 때문에 조직화된 종교적 교리나 그런 차원에서 생각할 수 있는 윤리성이 존재할 수 없다. 높은 정신적 이상이나 내세적 구원의 이성보다는 자연 그대로의 감성적 정념에서 눈앞의 현실 그대로 생활상의 당면한 문제를 초월적 신력에 의존하여 해결하려는 것이 무속의 주축이다. 그래서 그 소원 성취는 행운, 초복,

용왕님 서울 지역에서 용(龍)신으로 모시는 무신도로서 자연신 가운데 수(水)신 계통 에 속한다.

제재, 치병 등의 현실적인 생활 문제로 집약된다. 기원 방법이 정신 성보다는 신에게 제물을 바침으로써 제물의 양과 질에 비례하는 신의 응현(應現)에 의존되고 있다. 그러나 이와 같은 신앙은 어디까 지나 인간 자체를 중심으로 하는 인본주의적 입장과 또 자신의 영화 보다는 가족을 위한 인륜성도 있다.

　무속에서는 신들 상호간의 관계를 어떻게 보고 있는가. 무당 자신 의 신관에 대한 조사에서 나타난 것을 종합해 보면, 최고신으로

천신이 존재하고 무신들 사이에는 계층의 격차가 있는데 이것은
상층, 중층, 하층, 최하층의 4개 층으로 구분된다.

경기도 화성군 우정면 원안리에 사는 무녀 심모씨는 제일 높은
상층의 신에 천신, 칠성신, 산신이 있고 그 밑의 층에 사해용신, 삼불
제석신, 장군신이 있고, 다음 층에 성주신, 대감신, 지신, 조왕신이
있고, 맨 아래층에 걸립신, 잡귀들이 있다고 했다.

무신은 각기 인간을 위한 분담된 직무가 있는데, 이들 신이 서로
합심되지 않을 때 인간은 그 알력의 여파로 화를 입는다고 믿는다.

대감 인(人)신
계통으로서 무당
이 대감신으로
모시는 무신도
이다.

신관의 형성 과정

신관의 형태가 무속에서 어떤 과정을 거쳐 형성되었는지 알기 위해서 먼저 무 개인의 성무 과정에서 나타나는 강신 체험과 체험한 신에 대한 종교적 표현 방법의 구체적인 실례부터 보기로 한다.

서울의 무녀 문모씨는 22세 되던 해부터 시름시름 앓다가, 26세가 되던 해부터는 미친 증세가 나타나면서 30세가 되자 꿈이 아닌 생시에도 벽에 둥근 해와 달의 모양을 하고 광채를 내는 일광, 월광이 눈에 보이고 이것을 보면 미쳐서 길길이 뛰었다. 그 뒤 신굿을 하여 무가 된 뒤에 몸주(성무 초기에 최초로 내린)로 일광보살과 월광보살을 봉안하고 있다.

문씨의 신방 벽에 오른쪽으로부터 봉안된 무신도는 천신대감, 오방신장, 산신, 삼불제석, 칠성, 서산대사, 사명당, 부군, 용궁부인, 용장군, 덕물산 최장군(최영), 관성제군, 화덕장군, 일광보살, 월광보살이다. 이 가운데 일광보살과 월광보살은 문씨가 강신 과정에서 체험한 신으로 그가 목격한 대로 무신도의 신상 어깨 위에 해와 달이 각각 그려져 있다. 문씨의 경우를 대표적인 것으로 소개하고 그 외의 개별 조사에서 나타난 사례는 생략한다.

무는 엑스터시 상태에서 특정한 신을 직접 만나 그 신의 능력을 체험하고 성무 뒤에는 체험한 신을 몸주라 하여 구체적으로 표현하여 봉안한다는 것을 알게 되었다. 문씨는 일광보살과 월광보살이 몸주신으로서 무신도로 봉안하고, 같은 조사에서 나타난 장모씨는 산신이 몸주신이며 특히 그가 강신 체험중에 백사장에서 본 글씨 30자가 신이라 하여 30위의 신을 봉안하고, 역시 같은 조사로 나타난 인제의 임모씨는 강신중에 칠성신이 현몽해서 성물(장구, 제금, 방울, 신도)의 소재지를 지시해 주고 그 성물을 찾은 뒤부터 영력을 얻었다 하여 칠성신을 몸주신으로 봉안하고 있다.

이런 몸주의 예는 강신무가 일률적으로 몸주신을 특별히 봉안하

일광보살과 월광보살 무당은 자신이 강신 체험중에 나타난 신을 몸주신으로 모신다.
서울 지역에서 무당이 몸주신으로 모시는 일광보살과 월광보살의 무신도이다.

오방신장 무당이 오방신장(五方神將)으로 모시는 무신도이다.

고 있는 점으로 보아 일반적 사실임을 알 수 있다. 강신무가 특별히 봉안하는 몸주신은 무가 그 신을 체험했다는 것과 동시에 그 체험된 신을 구체화시켜 표현하고, 여기서부터 체험된 능력(신력)의 내용을 체계적으로 사고화시켜 무의 종교적 의식이 형성된다는 것을 설명해 준다.

　이러한 사실로 보아 신관 발생 원인의 직접적인 동기는 강신 과정에서 신의 능력을 구체적으로 체험한 그 체험의 사실이고, 이렇게 몸주신으로부터 그 능력을 직접 체험한 것을 계기로 해서 2차적으로 체험되지 않은 여타 신의 능력까지 그 신을 구체화시켜 인식하게 되는 것이라 생각한다. 그렇기 때문에 신관의 형성은 무가 신을 실제로 체험해서 그 체험된 내용이 다시 체계적으로 앞에서 살펴본 신관 형태로 표현되는 사고화 현상이라고 볼 수 있다. 그러나 여기에는 무가 체험하는 신이 무 개인에 의해서 돌발적으로 생겨나는 신이 아니고, 생활 공동체의 집단 속에서 그 집단체의 문화를 통해서 인식되어 온 전통적인 신이기 때문에 신의 인식과 그 인식에 의한 신관은 강신 체험 이전에 이미 존재한 것으로 볼 수 있다. 다만 이 신의 존재나 신관이라는 것이 체험을 통하지 않고 문화적 전통에 의해서만 인식되어 온 것이기 때문에 구체성이 없는 것뿐이다. 그래서 다음과 같은 두 가지 문제를 생각할 수 있다.

문화적 전통에 의해 인식된 일반적인 집단체의 신과 개인의 종교적 특수 체험을 통해 인식된 사실적인 특수신으로 구분할 수 있다. 전자를 A, 후자를 B라고 할 때 A는 집단체의 성원 누구나가 문화적 전통에 의해 일반적으로 막연하게 인식되어 왔기 때문에 성격상으로 볼 때 A는 집단적이고 전통적이므로 일반적이고 관념적이라 볼 수 있다. 또 B는 한 개인의 특수 상황에서 체험된 신이기 때문에 성격상으로 볼 때 개인적이고 돌발적이므로 일반성이 없는 반면에, 개인의 체험을 통해 인식된 사실적 실재의 신이라 볼 수 있다.

이와 같은 관계를 놓고 볼 때 신관의 형성 과정은 무 개인의 강신 체험이 직접적인 동기가 되지만 위에 말한 A와 B에서, A→B→A'의 순환 관계가 성립된다. 곧 A를 배경으로 해서 B의 존재가 가능하게 되고 다시 B에 의해서 A가 재확인되어 A'로 되는데 여기서 A'는 B와 동질로 접근된다.

무가 체험하는 신은 일단 체험이 되면 과거의 관념적이던 것이 구체성을 띠고 사실적 실재로 인식된다. 이 체험에 의해 과거의

뒷전 뒷전은 무당이 굿에 초청한 신들을 돌려 보내는 맨 끝거리이다. 무당이 밖에 나가 뒷전을 하려고 굿상 앞에서 신들에게 축원하고 있다.

관념적이던 모든 여타의 신이 체험된 신과 동일하게 그 사실성이 인식되어 신에 대한 일체의 인식 현상이 체계를 갖추어 사고화된다. 그래서 앞에 말한 A의 신은 생활 공동체적 집단의 문화적 전통 속에 신관의 원질(arche)로 남아, 무한한 종교적 활력을 공급하면서 계속적으로 앞에서 말한 순환 관계를 이루고 있다.

이와 같은 과정을 거쳐 형성된 무의 신관에 의해 무신이 어떻게 형상화되는가? 강신무가 일반적으로 몸주신을 봉안하고 있는 것은, 무가 강신 과정에서 체험한 신을 구체화시킨 표현이므로 무의 심중에 자리잡고 있는 내재적 표현인 것이다. 이 신관의 체계가 이차적으로 다시 외형화하여 언어로 표현될 때 무가(무신화)로 형성되고, 행위로 표현될 때 무의 제의로 형성되는 것이라 믿어진다. 또 언어나 행위가 아닌 공간성을 전제로 신관이 입체화될 때 무신상을 비롯한 무신도(무신도), 무신위로 표출되는 것이라 생각된다. 그러므로 무가, 무제의, 무신상을 비롯한 무신도, 무신위 등은 무의 체험(강신 체험, 종교적 체험)이 일단 신으로 체계화되고 이 신관에 의해 이것이 다시 이차적으로 외형화된 것이라 생각된다. 이와 같은 무신의 형상화 과정은 앞에 예시한 무의 강신 체험 사례에서 입증된다.

무신도의 일반적인 제작 과정을 보면 성무 뒤에 무가 탱화 전문의 화공을 찾아 사찰로 가거나 아니면 이 화공을 초청하여 무가 원하는 종류의 신상을 그려 달라고 부탁하는데, 이때 화공은 무의 진술 내용을 주로 참고한다. 종별에 따르는 무신도의 신상이 일정한 양식을 갖추고 있으면서도 차이가 있는 것은 화공의 화필에도 관계되지만 보다 큰 원인은 무가 꿈이나 환상 속에서 본 신의 체험 내용 차이에 의한 것이라 생각된다.

무신의 형상화

강신 과정에서 체험된 신이 성무 뒤에 무신도로 봉안되는 것은
세습무와 비교해 보면 더욱 명백해진다.

세습무의 경우는 강신 체험이 없이 혈통에 따라 인위적 세습에
의해 무사를 학습했기 때문에 성무 뒤에도 그들의 집에 강신무와
같이 따로 신방을 내어 신단을 차리고 이곳에 무신도나 신상을 봉안
하는 일이 없다. 세습무의 경우는 신에 대한 종교 체험이 없기 때문
에 신의 실재를 인식할 수 없고 또 신의 체험이 없으므로 그 대상신
을 봉안하여 여기서 영력을 얻으려 하지도 않는다. 오직 사제권의
제도화에 의해 무사를 수행하는 것이다.

공간성을 전제로 한 무신의 형상화된 양식으로 무신위, 무신도,
무신상이 발견된다. 무신위는 백지나 천을 접어 세로 40센티미터,
가로 12센티미터 정도로 만들어 먹글씨로 신명을 써서 무의 신방
벽에 붙인 것이고 무신도는 가로 65센티미터, 세로 100센티미터
정도의 천에다 주로 원색으로 신상을 그려서 족자로 만들어 신방
벽에 거는 것이다. 무신위나 무신도의 모양이나 크기는 일정하지
않은데 여기서 말하는 규격은 그 평균치를 전제로 한 것이다. 무신
상은 무신의 신상을 석회나 나무, 돌 등을 재료로 하여 입체적으로
만들어 무의 신방이나 제단에 봉안한 것이다. 이들 세 종류의 양식
가운데 가장 초보적인 형태의 것이 무신위이고 이것이 무신도로
발전해 가는 예를 볼 수 있다. 이런 경우는 비용을 들이지 않고 간편
하게 제작할 수 있으므로 경제적인 여유가 없을 때 주로 사용된다.
그런 다음 경제적인 여유가 생기면 무신위를 구체화된 무신도로
바꾸는 것이 보통이다. 무신상의 경우는 무신도의 다음 단계로 발전
되어 가는 표현 현상이라 볼 수 있는데 이 예는 불상, 미륵, 관성제
군 등으로 한정된 느낌을 준다.

이것으로 보아 무신위, 무신도, 무신상의 3단계적 형상화 과정을

무신도와 정화수 서울 지역 무당의 집 신단에 바쳐진 정화수와 족자로 만들어 벽에
걸어 놓은 무신도이다.

볼 수 있고 이것은 다음과 같은 표현 의욕에 기초를 두고 있다. 곧
종교적 체험을 통해 형성된 신관이 신의 가시적 충동에 의해 공간성
이 개입되고 여기서 1차적으로 평면이 활용된다. 이 평면은 주로
선(線)에 의해 신의 가시적 입체감을 어느 정도 충족시켜 준다.
무신도가 바로 여기에 해당되고, 무신위가 문자에 의한 공간의 활용
으로 상징에서 머무르던 것이 구체적인 선에 의해 입체감을 주는
무신도로 발전한 것이라 생각된다. 그리고 이 무신도에서 2차적으로
평면상의 제약에서 탈피하여 입체적 실재의 구체화 욕망에 의해
무신상으로 발전해 간 것이라 생각된다.

무속의 우주관

　무속에 나타난 우주관을 집약해 보면 다음과 같다.

　제주도 무가인 '초감제'에 의하면 태초에는 천지가 혼돈되어 하늘과 땅의 구별이 없었다. 그러다가 하늘과 땅이 벌어지며 하늘이 열리고 땅에서는 산이 솟고 물이 생겼다. 하늘에는 암흑인 채 별들이 생기고 옥황상제가 해와 달을 내보내고 지상의 질서를 잡아 오늘과 같은 세상이 있게 되었다.

　함경도 무가인 '창세가(創世歌)'에는 태초에 미륵님이 탄생하고 보니 하늘과 땅이 맞붙은 혼돈 상태였다. 천지가 열리면서 해와 달이 생겼고, 해와 달에서 한 덩어리씩 떨어져 나가 각종 별이 생겼으며 미륵님이 인간 남녀 한 쌍을 점지해서 부부로 만들어 이 세상에 사람이 퍼지게 되고, 이때 물과 불을 만들고 세상의 질서를 잡아 오늘의 세상이 있게 되었다.

　제주도의 '초감제'나 함경도의 '창세가'는 천지 창조의 개벽 신화로서 각각 신이 하늘과 땅을 갈라서 세상의 질서를 가져오게 되었다는 것을 암시하고 있다. 신에 의해 혼돈(chaos)에서 질서(cosmos)로 우주가 생성된 과정을 말하고 있다. 이같은 우주 기원의 흔적은 부여 지역의 무가 '조왕굿' '제석굿' 등에서도 발견된다.

　무속에 나타난 우주는 천상, 지상, 지하로 삼분된다. 이들 3개의 우주층에는 각기 해와 달과 별이 있어서 천상이나 지하에도 지상과 꼭 같은 세계가 있다고 믿는다. 천상에는 천신을 비롯한 일신, 월신, 성신과 그 시종신들이 살면서 우주의 삼라 만상을 지배하며 지상에는 인간과 금수 그리고 산신을 비롯한 일반 자연신이 살고 지하에는 인간의 사령과 그 사령을 지배하는 명부신들이 살고 있는 것이라 믿고 있다. 천상계는 인간이 늘 동경하는 낙원으로 먹을 것과 입을 것이 걱정없고 병과 죽음이 없으며 춥지도 덥지도 않은 꽃밭의 선계로 믿고 있다.

지하계는 사람이 죽어서 가는 곳인데 생전의 선악 공과에 따라 지옥과 낙원으로 구분된다. 지옥은 지하에 있는 암흑계로서 춥고 배가 고프고 형벌이 영원히 계속되는 형장이다. 낙원은 살기 좋은 영생의 세계인데 낙원이 우주 삼계 가운데 어느 곳이라고 확실하게 지적되지 않은 채 그저 극락과 저승으로 생각한다. 지옥은 지하계의 형장으로 그 공간 위치가 확실하나, 사람이 죽어서 가는 저승은 막연하게 지상에서 수평으로 가는 먼 곳이면서 이승과 저승의 구분이 모랭이, 모퉁이를 돌아간다는 것으로 표현하고 있다. 결국 저승이란 지상의 수평 공간상에 위치한 아주 먼 곳으로 추정하고 있다. 이에 비해 천상계는 지상의 수직상에 위치한 세계로 그 공간 위치가 확실하고, 천상계는 지상에서 수직으로 왕래하는 것이라 믿었다.

서울 지역의 남무인 박수 장명훈은 강신 체험 때 하늘에서 명주 2필이 늘어져 내려와 이 명주필 사다리를 타고 하늘 위의 천상계에 올라가는 자신의 환상을 보았고, 이같은 무의 승천 환상은 강신 체험에서 무가 자주 체험하는 현상이다. 무가에서도 천상계의 신이 지상계로 하강하는 내용이 서술된다.

무속의 신관은 다신적 자연신관으로 우주 삼라 만상의 모든 물체에 위대한 정령이 깃들어 있다고 믿어 천지, 산, 수, 수목, 암석 등의 자연물도 모두 신성시하며 특히 고산, 거목, 신간 등이 신성시된다. 이런 자연물의 주위는 성역으로 제의 장소가 되며 산이나 수목이 없는 장소에서 제의를 해야 할 경우에는 신간을 세워 임시 성역으로 설정한다. 무속에서 이와 같은 고산, 거목, 대형의 신간 등이 신성시되는 것은 앞에서 본 수직적 우주관에 의해서 고산, 거목, 신간을 통해 지상과 천상계가 수직으로 연결되어 천상의 신이 강림한다고 믿는 데에 근거를 둔 것으로 볼 수 있다. 이와 같은 천상계 신의 수직적 하강은 단군신화에서 환웅이 태백산정의 신단수를 통해 하강하였다는 것과 「가락국기(駕洛國記)」에서 하늘로부터 금란(金卵)이 구지봉정(龜旨峰頂)에 하강하였다는 데서도 잘 나타나 있다.

이와 같은 우주관은 우주 자체를 존재의 문제 곧 공간성과 시간성 위에서 파악하는 사고라 생각된다. 우주관에서 신에 의한 우주의 생성과 지배 문제는 다음과 같이 풀이될 수 있다. 신은 속(俗)의 공간과 시간을 초월한 불가시적 영원 존재이기 때문에 가시적 존재의 생성 근원으로 보면서 가시적 존재는 순간 존재로 무의미한 속에 있고, 불가시적 영원 존재는 실재적이고 거룩한 성(聖)이어서 순간 존재인 속의 근원이 된다고 보는 사고라 생각된다.

무속의 영혼관

무속에서 인간을 육신과 영혼의 이원적 결합체로 보고 영혼은 인간 생명의 근원이 된다고 본다. 영혼이 육신에서 떠나간 상태를 죽음으로 보아 육신이 죽은 뒤에도 영혼은 영생하거나 새로 태어나는 불멸의 존재라 생각한다.

무속에서 영혼을 어떻게 보고 있으며 인간은 왜 영혼을 생각하게 되었나. 영혼은 또 어떻게 해서 불멸의 영원한 존재라 믿는가.

인간을 육신과 영혼으로 분리해서 육신은 형상이 있되 일정한 기간에 이르면 사멸하나 영혼은 형상이 없는 채 불멸의 영원한 것으로서 육신이 생존하는 근원적 정기로 본다. 여기서 육신은 형상을 가진 가시적 존재이나 일정 기간만을 지속할 수 있는 순간적인 존재이고, 영혼은 형상이 없는 불가시적 존재로 시간을 초월해 지속되는 영원 존재이다. 그래서 가시적 존재는 순간 존재이고 불가시적 존재는 영원 존재이며 가시적 존재(육신)의 근원이 불가시적 존재(영혼)라는 논리가 성립된다. 따라서 가시성은 공간성이 전제되고 가시적 존재의 존재 지속이 시간성에 의한 것이기 때문에 존재의 조건으로 공간과 시간이 전제된다. 이렇게 보면 가시적 존재나 불가시적 존재는 다 같이 공간성과 시간성에 의한 존재이다.

여기서 문제로 삼는 영혼관은 인간의 영혼을 주대상으로 삼는다. 영혼관에서는 인간의 영혼말고도 동물령, 산령이나 수령 같은 자연물의 영, 이들이 신격화된 신령이나 신의 문제에까지 포괄될 수도 있지만 이들 자연령은 신관에서 신격으로 다루어져 인령과 구별될 수 있다. 여기서 사용하는 영혼은 인간의 정령을 의미하는 넋, 혼, 영, 혼령, 혼백 등의 용어를 포괄하는 개념으로 쓰인다.

영혼의 종류

한국 무속의 영혼은 편의상 사령과 생령 두 가지로 구분해 볼 수 있다. 전자는 사람이 죽은 뒤에 저승(他界)으로 가는 영혼이고, 후자는 살아 있는 사람의 몸 속에 깃들어 있는 혼이다. 사령의 존재를 입증해 주는 예로는 초상(初喪)의 초혼(招魂), 제사(祭祀)를 비롯해 무속의 제의인 집가심, 자리걷이, 지노귀, 오구굿, 씻김굿, 수왕굿, 망무기, 해원굿 그리고 일반 제의에서 필수적으로 끼게 되는 조상굿이 있어서, 이러한 굿들은 망인의 영혼을 불러 제를 올린다. 생령의 존재를 입증해 주는 예로는 나이 많은 노인의 사후 내세 천도를 기원하는 무속 제의의 다리굿(평안도 지역), 살아 있는 사람의 사후 천도를 위한 산오구(경상도 지역)가 있다. 이러한 굿들은 살아있는 육신에 깃들어 있는 영혼을 위해 제를 올린다.

잠자는 동안 영혼이 육신을 떠나서 떠돌아다니며 보는 것이 꿈으로 나타난다고 믿는 것, 자는 사람의 얼굴에 수염을 그려 놓든가 천이나 종이로 얼굴을 덮어 놓으면 잠든 사이에 영혼이 떠나가 돌아다니다 육신으로 돌아올 때 제 얼굴이 아니어서 다른 사람의 육신으

지노귀　육신이 죽더라도 영혼은 불멸하다고 믿는 까닭에 원귀의 원혼을 풀어서 저승
으로 천도시키는 의식들을 행한다. 그 가운데 하나인 지노귀에서 '도령돌기'를 준비하
는 과정이다. 경기도.

도령돌기 사후 천도 의식인 지노귀에서 무당이 굿상을 도는 도령돌기 장면이다. 무당이 앞에 서서 저승길을 밝게 헤쳐 주고 유족이 그 무당 뒤를 따르며 곡한다.

로 알고 다른 데로 가서 그 사람이 죽었다고 믿는 것, 중병이나 혼수 상태에 빠졌을 때 의식이 흐려지는 것은 영혼이 육신으로부터 들락날락하기 때문이라고 믿는 것, 이 모두가 살아 있는 사람의 몸에 영혼이 있다는 것을 증명해 주는 것이다.

　사령은 조상과 원귀, 원령(寃鬼, 寃靈)으로 세분된다. 조상은 순조롭게 살다가 저승으로 들어간 영혼으로서 선령이 되며 민간층의 조상과 무속의 대신, 말영이 여기에 속한다. 원귀, 원령은 생전의 원한이 남아 저승으로 들어가지 못한 영혼으로 인간을 괴롭히는 악령으로 왕신, 몽달귀신, 객귀, 영산, 수비, 수부 등이 여기에 속한다. 이 원귀는 요절, 횡사, 객사로 인해 원한이 풀리지 않아 저승으로 들어가지 못하고 이승에 남아 떠돌아다니는 부혼이다. 영혼은 원래 죽은 뒤에 초상, 소상, 대상을 지내는 동안 이승에 머물러 있다가 3년 탈상 뒤 저승으로 들어가는데, 원령은 3년이 지나도 저승에 들어가지 못하고 이승에 남아 원한이 풀릴 때까지 인간을 괴롭힌다. 지노귀, 오구굿, 씻김굿 등의 사령제는 이와 같은 원령의 원한을 풀어서 저승으로 천도시키는 기능을 담당하기도 한다.

영혼은 사령과 생령 그리고 사령의 선령적 조령과 악령적 원귀로 구분는데 그러나 이들 사령은 이승에서의 성격적 차이는 있지만 육신을 이탈한 무형 불멸의 불가시적 영원 존재라는 점에서는 완전히 일치되는 동질의 존재라 생각된다. 원귀도 후손들이 그 원한을 풀어 천도시켜 주면 선령과 같이 저승으로 가서 영생할 수 있다고 믿기 때문이다.

영혼관의 원본(인간의 근원 회귀)

무엇이 무속의 영혼인가 알기 위해서 영혼관의 원본을 찾아보고자 한다. 영혼관의 원본을 찾아내는 일은 영혼관의 의미와 기능을 동시에 밝힐 수 있는 일도 된다. 앞에서 본 영혼의 형태와 성질에서 영혼은 육신의 이탈, 무형의 전지자, 불멸 등 이렇게 세 가지의 특성으로 집약시킬 수 있다.

영혼은 육신이라는 가시적 존재로부터 이탈하고 영혼의 이탈로 인해 육신은 죽게 된다. 그러나 영혼은 육신의 죽음과 관계없이 별도로 존재한다. 영혼은 무형으로서 현세의 공간성을 초월한 불가시적 존재이다. 또 영혼은 현세의 시간성을 초월한 영원한 존재로 존재한다.

이상은 인간의 육신이 존재하는 현세의 입장에서 보았을 때이고, 이것을 다시 그 역으로 보면 다음과 같다.

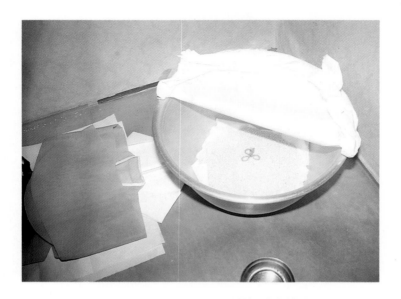

새발심지 맨 위는 경기도 지노귀의 의식에서 시루 안에 넣은 새발심지이고 그 아래는 이 새발심지가 타서 시루를 덮은 흰 종이에 그을음 자욱을 나타냄으로써 망인이 환생하여 동물이나 새로 다시 태어난 것을 무당이 설해 주는 장면이다.

인간의 육신은 가시적 존재이기 때문에 순간 존재이고, 가시적 존재는 공간 조건과 시간 조건의 합일에 의해서 존재한다. 그리고 가시적 존재인 육신의 근원으로 영혼이 존재하고 영혼은 육신의 죽음을 통해 가시적 존재 조건(공간과 시간)을 없애어 무공간적인 불가시적 존재, 무시간적 영원 존재, 불가시적 영원 존재로 회귀한다. 그래서 인간의 존재 자체는 영원한 것이라 믿는 존재 근원으로의 회귀 사고가 영혼관의 기틀이 된다.

이와 같은 존재 근원으로의 회귀는 영혼관뿐만 아니고 신화와 무가, 무속의 제의 전반에 걸쳐서 나타나는 존재에 대한 원본적 사고로 보인다. 원본 사고는 존재 자체를 카오스와 코스모스의 순환 체계로 인식한다. 카오스로부터 우주라는 코스모스의 공간과 시간이 시작되어 존재의 가시성(가시적 존재)이 생성된다. 그러나 이 가시적 존재는 코스모스의 공간과 시간의 제약 속에서 존재해야 하기 때문에 순간 존재이다. 그러므로 공간과 시간을 없애면 다시 그 존재 근원인 카오스로 회귀한다. 카오스는 무공간, 무시간의 불가시적 영혼 존재이기 때문에 여기서 다시 공간과 시간 조건이 충족되면 코스모스의 가시적 존재로의 환원이 가능하다고 믿는다.

영혼관이 이와 같은 원본 사고에 입각하여 인간 존재의 영원성을 희구하는 것이기 때문에 영혼관의 기반은 존재의 근원 회귀라 생각된다. 그러므로 영혼은 코스모스를 죽음을 통해 없애고 카오스로 회귀해서 그 존재가 영원히 지속되어 불멸하다고 믿는 사고이다.

영혼을 이상과 같이 영원 존재로 보아 나갈 때, 애니미즘의 입장에서 영혼을 해석한 소퍼(E.D. Soper)의 견해 그리고 애니미즘의 발생을 원시인의 경험적 사고(꿈속에서 죽은 사람을 보거나 혼수 상태에서 인간의 환상을 보는 것)로 본 테일러(E.B. Tylor)의 애니미즘 기원설에는 논란의 여지가 남아 있는 것으로 생각된다.

무속의 내세관

무속에서 인간은 신에 의해 세상에 태어나서 그 명이 다하면 다시 신이 타계(他界)로 소환해 간다고 믿는다. 그러면 인간이 죽어서 간다는 그 사후의 타계는 어떤 곳이며 또 인간은 사후에 어떤 형태로 존재하는가.

사후의 내세는 영혼 불멸을 전제로 한다. 그리고 내세에 관계되는 모든 의식은 살아 있는 인간이 영혼을 어떻게 보고 있느냐 하는 심적 태도에 기초를 두고 있다. 영혼이 없을 때 내세도, 내세에 관계되는 의식도 존재할 수 없기 때문에 영혼의 불멸을 믿는 영혼 불멸관(靈魂不滅觀)이 내세관의 핵을 이루고 있다.

영혼의 형태

영혼은 살아 있는 사람과 동일한 인격을 갖는 것으로 생각하여 무의식(巫儀式)에서 인격적인 대우를 받는다.

영혼의 형체는 인체와 같은 모양이지만 꿈 또는 환상 속에서만 볼 수 있고 보통 때에는 영상조차 찾아볼 수 없는 무형의 공기나 호흡과 같은 형태로 나타난다. 영혼은 또 공중을 자유롭게 떠다니며 시간이나 공간의 제약을 받지 않는 불멸의 것으로 전지 전능한 존재이다. 다만 인간과 의사가 자유롭게 소통될 수 없다. 이것으로 보아 영혼은 인간의 생명력에 대한 관념적 연장 형태로 나타나는 것인데, 죽음을 통해서 영혼은 전지 전능한 능력을 갖게 된다. 그러나 여기에는 죽음이라는 공포감이 늘 뒤따르게 되어 영혼을 경외시하는 결과를 가져온다.

이와 같은 사령적 공포감이 본래의 영혼에 대한 인륜적 관념말고 악령적 관념 요소를 가져와서 영혼에 대한 이중성을 보이고 있다. 영혼의 이중성은 선과 악의 대립 관계를 가져와 선령과 악령으로 나타나 전자는 영혼과 인간 상호간에 인륜성이 작용되어, 인간이 영혼을 안주시켜 주는 인륜적 의무가 있는 반면에 영혼은 또 인간을 수호해 줄 의무 관계가 성립된다. 후자는 영원히 인간에게 일방적인 희생을 강요하게 되어 여기에 인간이 순종하는 경우이다.

선과 악의 이중성

가신(家神) 신앙의 조상신과 조상굿, 말명굿 등의 굿제차(祭次)에서 제를 받는 조상신 및 무조신이 인간을 수호해 주는 선신(善神) 계통이며, 인간을 병으로 괴롭히거나 재앙을 주어 인간으로부터 희생을 받거나 굿을 받아 먹는 원귀, 왕신, 몽달귀신 등의 영혼은 악령 계통에 속한다.

현세에서 평생을 유복하게 오래 한없이 살다 간 사람은 사후에도 그 영혼이 선해지고, 그렇지 못한 생을 살다 간 사람의 영혼 특히 요사(夭死), 횡사(橫死)한 영혼은 그 생전의 현세에 대한 원한 때문에 사후에도 인간을 괴롭히는 악령적 성격을 띠게 된다는 것이 영혼에 대한 지배적 관념이다. 그러나 이와 같이 특별한 경우를 제외하고는 그 선령과 악령의 분계선이 명확치 않아 인간을 수호해 주던 선령이라도 때로는 악령적 성격을 띠는 경우가 있게 된다. 그것은 인간의 부주의로 소홀한 대우를 받았을 때 인간에게 고통을 주는 것으로써 각성시키는 형식으로 나타난다. 이러한 경우를 가리켜 조상이나 왕신 등이 '덧났다' '덧친다'라는 용어를 쓰게 된다.

이상은 인간 사후 영혼의 선악적 이중성의 예를 들어 본 것이다. 이런 이유로 민간층에서 호칭되는 귀신이란 '귀'와 '신'을 통칭하는 이중성이 그 속에 들어 있는 것이라 생각된다.

내세의 형태

불멸의 영혼이 영주(永住)한다고 믿는 내세는 어떤 곳인가. 무속에서는 내세를 극락이라 하는데 이곳을 한국의 서쪽에 있는 서방정토인 서천서역국으로 알고 있다. 망인의 영혼을 내세로 보는 무의식에서 무당에 의해 구송되는 주력의 무가 가운데 "극락은 사철 꽃이 피고 새가 울고 죽음이 없고 번뇌가 없는 이상향이다"라는 구절이 극락을 잘 나타내고 있다.

무속에서 내세에 대한 의식을 갖게 되는 것은 망인의 영혼을 이와 같은 이상향으로 안주시키려는 데서 행해지고 있다. 사람이 죽어서 가는 내세에는 극락과 지옥의 두 가지 형태가 있다. 망인의 영혼은 일단 죽어서 명부로 가서 명부의 십대왕 앞에서 생전의 선악 심판을 받아 착한 일을 많이 한 사람은 극락으로 보내어 왕생해서 영생을 누리게 하고, 나쁜 일을 많이 한 사람은 지옥으로 보내 온갖 형벌을 받게 되는 것이라 믿고 있다. 지옥은 무가에서 억만지옥, 칼산지옥, 불산지옥, 독사지옥, 한빙지옥, 구렁지옥, 배암지옥, 물지옥, 흑암지옥 등으로 항상 칼끝이 꽂혀서 덮여 있는 산이나 불이 활활 타고 있는 산, 극심한 추위가 계속되는 지대나 뱀이 득실거리는 토굴, 암흑 지대 등의 형태로 서술된다.

현재 무속에서 상정하는 이상과 같은 내세의 형태는 불교의 극락과 지옥의 형태와 동일한 점으로 보아 불교 전래 이후에 불교의 영향을 받아서 변질된 후기적 형태라고 생각된다. 불교의 영향을 받기 이전에 무속 원래의 순수한 내세 형태가 어떤 것이었나 하는 문제는 현단계에서 현존 무속 자료만을 가지고는 단적으로 말할 수가 없다. 다만 민간층에서 생각하는 순수한 내세의 형태는 불교적인 극락과 지옥이 구분되는 형태의 것이 아니고 현세를 이승, 내세를 저승으로 구분하여 내세 저승은 일단 현세와 인연이 청산되고 새로운 생활이 시작되어 현세의 부부나 혈연 관계가 저승에서는 전혀 관계없는 것이 된다고 믿는다.

이러한 예증은 재래의 장속(葬俗)에서 죽음 그 자체를 현세와

길가름 경기도 지노귀에서 망아의 저승길을 상징하는 길베(무명, 삼베 각 1필)를
가르기 직전의 모습이다.

내세의 분계선으로 보고 죽음을 내세에 대한 결혼으로 생각하여,
입관할 때 시체에 혼례복을 입히고 여인의 경우는 얼굴에 연지까지
찍어 시집가는 것처럼 한다. 또 민담 가운데서 나이 어린 아들이
죽은 어머니를 그리워한 나머지 천신만고 끝에 저승에 가서 어머니
를 만났으나 어머니가 본체만체하였다는 이야기에서도 잘 나타나
있다. 따라서 민간층에서 생각하는 저승에는 지옥과 같은 징계처가
명확히 구별되지 않고 막연히 '죽어서 죄로 간다'는 말로 표현되는
한편, 현세의 악행자가 내세에서 구렁이가 되었다는 민담의 유래는
항간에서 많이 들을 수 있다. 또 저승은 기독교에서 말하는 천당이
나 불교에서 말하는 극락과 같이 그 위치가 뚜렷하게 나타나지도

않고 극락적 성격이 강조되지도 않는다. 죽으면 저승으로 가는 것이고 새로운 생활이 시작되는 것이라 믿는 한편, 저승이 천상이나 지상이나 지하라는 한계도 분명치 않은 것으로 생각된다.

이와 같이 불교의 영향이 미치지 않은 순수한 내세 저승 형태가 민간층의 관념 속에서 존재하는 것을 보면, 불교의 영향을 받기 전 무속의 내세 형태는 원래 이와 같은 민간층에서 생각하는 저승 형태였으리라 생각된다. 한편, 현대의 문화 민족들이 영혼과 내세를 믿어 이것이 종교상의 비중을 갖게 되는 것도 생명에 대한 신화적 사고의 원초 심성이 인간의 마음 속에 남아 있기 때문이라 본다.

내세관의 형태

무속의 내세관은 내세에 대한 종교적 구원 관념이 희박한 것으로 나타난다. 기독교나 불교 등의 종교가 신앙을 통해서 종교적 구원에 의해 내세를 갖게 되는 데 반해, 무속에서는 현세에서 일정한 신앙을 통하지 않고서도 내세를 갖게 된다는 것이 현대 종교의 내세관과 그 형태를 달리하는 점이다. 그렇기 때문에 무속의 내세관이 민간인에게 종교적 의미를 갖는 형태보다는 자연적 의미를 갖는 형태로 나타나고 있다. 단 무속의 내세관 속에 지옥과 극락의 요소가 있어 불력(佛力)으로 낙지 천도(樂地薦度)를 기원하는 것은 종래의 불교 영향인 것이라 생각된다. 그러면서도 이것은 의식을 집행하는 무의 의식적 기술에 따르는 문제일 뿐, 그 의식을 의뢰하는 고객으로서의 일반 민간인이 전적으로 불교적 신앙에 의존하여 내세의 종교적 구원을 기원하지 않는다는 데에 차이점이 있다.

이렇게 무속의 내세관이 자연적 의미를 갖는 것은 무속 자체가 자연석 원시 종교 그대로, 체계화된 종교적 손길이 미치지 못했기 때문에 내세관 역시 자연 그대로의 형태로 나타나 죽은 뒤에 영혼이 내세에 가는 것도 자연의 운행에 따르는 철칙으로 알게 되는 데에 그 원인이 있는 것이다. 그리하여 현대 종교의 내세관이 선과 악에 의한 낙원과 지옥으로 구분되는 데 반해 무속의 내세관은 인위적인 수식이나 일방적인 인간의 견해가 비교적 스며들지 않은 내세의 원형이 존재한다. 그러면서 망인에 대한 내세의 의식이 무속에서 전통화하여 계속되고 있는 것도 어떤 종교적 의미에서가 아니라 역시 자연적인 인간 원래의 인류성이 기초가 되고 이것을 현실화하기 위한 수단으로 무속의 제의에 의존하고 있는 것이다.

무속의 내세관은 원래 그 속에 내세의 원형태가 존재하는 단일적 자연 형태로 인간 본래의 윤리성이 기초가 되어 왔던 것으로 보인다. 그러나 후기에 이르러 무불(巫佛)의 습합으로 인한 불교의 영향으로 내세의 원형태가 점차 변형되어 이에 따라 내세의 형태에도 변화가 온 것으로 생각된다.

내세관의 본질

무속의 내세관은 영혼이 불멸하여 영생한다는 것을 전제로 하고 있다. 그러면 어떻게 해서 영혼이 불멸하다는 것을 믿게 되었는가. 이것은 원시인으로부터 현대의 문명인에 이르기까지 널리 나타나고 있는 현상이다.

뱅골만의 안다만섬 네그리토족의 경우를 보면 영혼은 호흡, 영상, 그림자 같은 것으로 생각하여 사람이 자는 동안에 육체를 떠나서 멀리 여행할 수 있는 것이라 믿는 한편, 사후에는 육체를 떠나 밀림이나 바다의 영태(靈態)로 존재하여 영생한다고 믿는다.

사모아인 역시 사후에 영혼이 육지를 건너 바다를 헤엄쳐 영계로 들어간다고 하여 영혼의 불멸을 믿었다. 서유럽 혈거족의 경우도 죽음을 잠자는 상태나 출생 이전의 원초적인 대모신(Great Mother)에게로 다시 되돌아가는 상태로 믿어 역시 영혼의 불멸을 믿는다.

미개인들은 이렇게 영혼의 불멸을 믿어 죽음을 도리어 잠자는 상태나 원초적 대모신의 품안으로 돌아가는 상태로 믿어 육체란 단지 영혼이 머물렀다 가는 물체와 같은 것으로 생각하였다. 그래서 아메리카 인디언의 경우를 보면 영혼 불멸을 믿어 죽음을 두려워하지 않는다.

이런 현상은 인간의 생명을 이원론적 입장에서 보아 육체와 영혼을 분리시켜 영혼이 생명의 주축이 되고 육체는 영혼이 수용되는 물체와 같은 것으로 생각하는 데에 그 원인이 있는 것으로 보인다. 따라서 이와 같은 영혼 불멸관은 인간 생명의 한정성에 대한 고민이 그 반대의 것으로 전치(轉置)되어 발산되는 원고심성(原古心性)으로 보인다. 따라서 영혼 불멸관은 인간 생명의 관념적 연장 형태로 나타나고 있다.

이와 같은 영혼관의 기초 위에 서 있는 내세관은 생명체가 공간성을 초월한 형태의 것으로 생명의 시간적 무한성을 나타내고 있다. 그러므로 내세관의 핵심은 생명의 무한성에 있는 것이므로 그 본질적 문제는 곧 인생을 무한대로 연장 발전시켜 가는 생명에 대한 신화적 차원의 사고라 볼 수 있다. 그래서 원시인은 인간의 한정된 생에 대한 고민을 일찍이 해소시켜 죽음이라는 종말적 공포와 불안으로부터 해방시켜 왔던 것이라 생각된다.

내세관의 형성

무속에서 내세관이 현재 형태로 존재하기까지는 다음과 같은 세 단계의 심적 과정을 거친 것으로 보인다.

- ■ 1단계(제1기):영혼관의 발생
- ■ 2단계(제2기):영혼이 정착하는 내세의 설정
- ■ 3단계(제3기):내세의 이원적 분화

1단계는 생에 대한 생명체의 본능적 욕구로 볼 수 있으며, 2단계는 인간이 처해 있는 환경적 자연관에 의한 것으로 볼 수 있고, 3

단계는 내세에 종교 내지 도덕적인 인위적 수식을 가하는 데서 온 결과로 볼 수 있으리라 생각된다.

제1단계, 영혼의 발생 문제는 앞에서 삶에 대한 관념적 연장 형태로 설명이 되었다. 이렇게 형성된 영혼은 죽음이라는 장벽으로 인해 현세적 의미를 가질 수 없었기 때문에 부득이 내세가 설정되어야 하는 2단계로 영혼관이 진행 발전했을 것이라 생각된다. 이 단계에서의 내세 형태는 인간이 처해 있는 지역적 자연 환경에 따라 각기 형태를 달리하고 있다. 이것은 자연 그대로의 순수한 내세 형태로서 1단계에서 2단계까지의 진행을 가져온 내세관의 순수한 원형태로 보인다. 한국인이 원래 가지고 있었던 내세관의 원모습도 바로 이와 같은 것이었으며 현재도 불교의 힘이 미치지 않는 민간인들에게는 이 단계의 원형태에 가까운 내세관을 가지고 있다고 생각된다. 그러나 여기에 종교나 도덕이 작용될 때 내세관의 원형태가 파괴되어 종교적, 도덕적 절대치의 가치 기준에 따라 내세가 이원적 분화를 가져오게 된다.

현재 민간층이 가지고 있는 순수한 내세의 양상은 막연하게 죽어서 가는 곳이다. 죽음으로 인해 현세와는 세계 구조가 다르지만 지옥과 같은 악의 징계 관념은 매우 희박하게 나타나며, 내세의 위치 역시 천상이나 지상, 지하의 삼계 가운데에서 어디라고 뚜렷하게 지적되지도 않고 막연하게 내세를 저승이라는 한마디로 단정하고 있다. 그러나 시체를 땅 속에 매장하고 고대로부터 부장의 장속이 있었던 것을 보면, 내세를 하계(下界)로 생각하여 땅 속에 시체를 매장하면서 생활 용품 등을 함께 부장함으로써 내세의 생활을 기대했던 것 같다.

삼국시대 분묘 속에서 출토되는 토기, 금속류, 고려나 조선조의 자기류가 모두 내세를 위한 부장품이었다. 그리고 민담 가운데에 지하국의 대적이나 괴물을 퇴치하는 이야기 속에서도 현세와 다른 하계의 요소를 찾아볼 수 있다.

　이런 내세의 하계적 요소는 내세관의 2단계 진행상에서 내세의
위치가 하계로 생각되었다가 이것이 점차 희박해졌거나, 아니면
원래 내세관의 1단계적 진행으로 머무른 채 내세의 위치가 형성되
지 않아 저승이라는 그 내세의 위치가 민간인에게 구체성을 띠지
않고 있는 것이 아닌가 하는 양면성을 생각해 볼 수 있다. 현재 민간

출토 항아리　현재 민간층이 가지고 있는 내세관은 내세를 하계로 생각하여 땅 속에
시체를 매장하면서 생활 용품 등을 함께 부장하였다. 현재 분묘 속에서 출토되는
토기나 금속류, 자기류 등이 모두 이러한 내세관을 뒷받침하는 부장품이다. 정소
공주묘에서 출토된 항아리이다.

층이 가지고 있는 저승의 형태는 그것이 획일적인 단계적 진행에서 이루어진 어떤 발전이나 퇴화의 원인에 의한 것이라기보다는 아직도 1단계적 진행이 주류가 되면서 2단계적 진행이 넘나드는 과도기적 현상의 부분적 변화에 의한 것이라 생각된다.

내세를 막연히 저승으로 생각하는 민간인의 순수한 내세관에는 무속이 원래 가지고 있던 내세관의 원형태는 불교 전래 뒤에 무불의 습합으로 3단계적 진행의 변화를 가져와서 지옥과 극락의 이원적 분화 현상을 보이게 된 것이라 생각된다. 그리하여 무속에서도 극락을 서방정토, 지옥을 불교상의 지옥으로 생각하게 되었다.

이와 같이 종교적 절대치의 가치 기준에 의한 일방적 방향 통일은 한국인이 원래 가지고 있던 내세관의 원형에 기독교가 작용하여 역시 이원적 분화를 가져와 천당과 지옥의 내세 현상을 가져오게 되었던 것에서도 그 예를 찾아볼 수 있다. 그러나 내세관의 원형을 변형시키는 데에는 종교력 단독의 능력만으로 불가능한 것이었기 때문에 여기에는 언제나 도덕률이 작용되어야만 했고, 도덕률의 뒤를 밟아 종교력이 파고들 수 있었던 것으로 보인다. 그래서 내세적 악의 징계 대상이 무속 속에 들어와 있는 불교적 요소에서 언제나 효를 비롯한 인륜적 도덕관에 기초를 두고 있다.

이상으로 보아 현재 무속의 내세관은 위에 든 심적 3단계 과정 가운데 1, 2단계의 진행에 의해 내세관의 원형이 존재하게 되었고, 이것이 다시 불교의 영향을 받아 3단계적 진행으로 내세 구조가 이원화되어 불교적 극락과 지옥이 존재하게 된 것이라 생각된다. 그러나 무속의 내세관은 불교의 신앙을 통한 종교적 구원관에 의존하고 있는 종교 형태의 것은 아니다. 무속의 내세관에 따르는 의식에 불교적 내세 요소가 보이지만, 이것은 무불의 습합에서 오는 불교적 내세 형태의 외적 모방에서 그치는 것이며 내적 본질성에 있어서는 어디까지나 자기 본연의 주술적 기술에 의존하고 있다.

무가

무가는 제의에서 무당이 무가로 굿을 할 때 신을 향해 구송(또는 창)하는 신가이다. 이 무가는 무의 신관을 비롯한 우주관, 영혼관, 내세관 그리고 존재 근원에 대한 일체의 사고가 종합적으로 체계화하여 직접 언어로 표현되는 것이어서 무속의 구비 경전으로 볼 수 있다.

지금까지 전국적으로 조사 보고된 무가 자료는 약 1,000편에 이른다. 이것을 성격상으로 집약해서 분류하면 다음과 같다.

1. 부정(不淨) 계통 무가;제의 공간의 정화
2. 청신(請神) 계통 무가;모든 신을 청해 오는 과정
3. 조상(祖上) 계통 무가;조상의 근원을 이어
4. 기자(祈子) 계통 무가;세상에 태어나서
5. 수명(壽命) 계통 무가;오래 살면서
6. 초복(招福) 계통 무가;재물을 많이 가지고 편히 살려고
7. 제액(除厄), 수호(守護) 계통 무가;액운을 물리치며
8. 치병(治病) 계통 무가;병이 나면 고쳐서 건강하게 살다가
9. 명부(冥府) 계통 무가;죽어도 영혼이 내세의 좋은 곳으로 가서 영생하게 해 달라고
10. 송신(送神) 계통 무가;청해 온 신의 송신

이어서 1, 2, 10은 굿의 앞과 뒤에 붙는 의례적인 무가이고, 3에서 9까지가 무가의 중요한 핵심인데 그것은 모두 인간 존재 문제로 귀결된다. 그래서 무가를 구성하는 내용은 인간 존재의 획득과 그 인간 존재의 영구 지속 그리고 인간 존재의 지속에 필요한 재물 존재의 획득 유지로서 인간 존재의 영구 지속 욕구로 일관된다.

청신 계통의 무가   거리에 간단한 제상을 차려 놓고(거리굿) 무당이 신을 칭하는 장면. 경기도 일산읍.

무속의 제의

제의와 원본 사고

무속의 제의는 무당이 신을 만나 인간의 소망을 비는 형식으로 나타난다. 그러나 신을 만날 수 있는 장소와 시간은 현실계의 것이 아니기 때문에 제의에 따르는 특수한 절차가 필요하게 된다. 여기서 말하고자 하는 제의의 공간과 시간은 일상적인 현실계 밖의 것을 의미한다.

제의를 하는 공간은 금줄을 치고 황토를 펴서 부정을 가린다. 곧 일상적인 것을 차단시켜 세속의 인간 출입을 제한하는 것이다. 일상적인 현실이 차단된 금지된 세계라면 그것은 현실계 밖에 있는 또 다른 세계를 의미한다. 현실계 밖의 세계라면 현실계 우주가 시작되는 태초 이전의 세계를 의미하고, 그것은 코스모스 이전의 카오스를 의미한다.

이와 같은 공간에서 제의가 행해지는 시간은 낮이 아닌 밤을 택한다. 이것 역시 일상적인 세속의 시간 밖에 있는 시간 곧 카오스의 시간을 의미하게 된다. 그래서 제의가 이루어지는 공간과 시간은 카오스로 회귀된 공간과 시간이다. 카오스는 무공간, 무시간의 영원

제의 시간 보통 제의가 이루어지는 시간은 세속 밖의 시간인 밤을 택한다. 경기도 지노귀에서 무당이 밤에 길베를 잡고 망인의 저승길을 밝게 해달라고 축원하고 있다.

존재의 세계여서 존재의 생, 멸, 지속과 단절이 없는 세계로 시작과 끝이 없기 때문에 모든 존재의 생성이 무한 가능한 세계이다. 그러므로 제의에서 금줄을 치고 황토를 펴서 세속을 금지시키는 것은 이와 같은 카오스로 회귀해 가는 상징적 의미라 생각된다. 그래서 신을 불러오는 것이 아니고 일상적인 현실계를 차단시켜 신성계로 회귀해서 무당이 여기서 신을 만나는 것이다. 이렇게 존재의 근원으로 회귀하여 새로운 존재를 다시 생성, 재생시키는 것이 제의의

신단 무속의 제의는 무 개인의 신단이나 신당 또는 민가 등에서 행해진다. 무 개인의 신단은 무가 개별적으로 자기 집에 신을 모시는 경우로서 강신무에 한해서만 가능하다. 무신도를 걸고 그 밑에 단을 만들어 촛대나 성물 등을 두는 신성한 성소이다. 서울 부당의 신단.

기본 원리라 생각된다. 여기서 존재는 그 근원인 카오스 상태로 이미 있었고 또 앞으로도 있는 것이고, 신은 다만 이 존재의 재생을 촉진시켜 주는 기능 곧 코스모스에서 카오스로, 카오스에서 다시 코스모스로의 순환 운동을 촉진시켜 주는 기능일 뿐 전연 무의 상태에서 존재를 창조시키는 기능이 있는 것은 아니다. 제의에서 신에게

별상굿 별상굿에서 무당이 천연두신인 별상신의 권능을 보이기 위해 언월도를 거꾸로 세우는 사실 장면이다. 서울 지역 민가.

존재 충족의 소망을 기원하지만, 그 밑바탕에는 존재의 근원을 카오스로 보는 원본 사고에 기반을 두고 있는 것이라 생각된다.

제의 장소

무는 제의를 통해서 신을 만나게 되는데 이 제의를 행하는 장소는 신이 나타날 수 있는 특정한 성소(聖所)이다.

이와 같은 무속의 제의 장소는 무 개인의 신단, 신당, 민가 등 크게 세 종류로 구분된다.

무 개인의 신단은 무가 개별적으로 그의 집에 신을 모시는 경우인데 이것은 강신무에게 한하며, 대개 깨끗한 방 하나에 무신도를 벽에 걸고 그 밑에 단을 만들어 촛대와 성물(제구;방울, 부채, 신도, 제금 등)과 그 밑에 장구, 북, 무신복 등을 넣어 둔다. 무는 간단한 치성이나 굿을 여기서 한다. 신당의 경우는 부락 공동의 산신당이나 서낭당, 장군당 등인데 이곳에는 부락의 수호신이 봉안되고 정기적으로 행하는 부락의 동신제를 올리는 제의 장소이다. 민가의 신단은 그 집에서 굿을 할 때 설치되는 제의 장소이다.

이와 같은 성격으로 보아 무 개인의 신단과 부락 공동의 신당은 고정적인 성소로서의 제의 장소가 되며 민가의 신단은 굿할 때만 필요에 의해 설치되는 임시적 성소의 제의 장소가 된다. 제의 장소는 신이 나타나는 성소라는 것이 전제되므로 신이 나타날 수 있는 조건이 갖춰져야 한다. 성소 신당에 신체가 봉안되어 있거나 신수(神樹)가 있어서 신체로 상정된다. 그러나 신은 성소의 밖으로부터 오는 것이라 믿는 데에 문제가 있다. 위패(位牌)나 신상, 성물 등을 신체로 봉안하지만 신이 나타날 때는 바깥 곧 위로부터의 하강이라 믿는다. 그래서 신당에는 신수나 입석(立石)이 필수적으로 따르게 되는데, 신수나 입석, 신간(神竿)이 지상과 천계를 잇는 우주의 축이 되어 신의 하강과 승천이 자유로워진다고 믿는 것이다. 시베리아 원시 종족들의 샤먼은 이니시에이션을 통해 샤먼이 되는 의식의 한 절차로 나무 위에 올라가 그의 영혼이 천계로 승천하여 여행하는 과정이 있다. 샤먼의 영혼이 나무 곧 우주의 축(cosmic axis)을 통해 하늘로 올라가는 것이라 믿는 것이다. 이런 경우는 시베리아의 소울 로스(soul-loss)형의 샤먼에서 나타나는 현상이고 한국과 같은 포제 션형의 샤먼에서 나타나는 현상은 빙의 곧 신이 외부로부터 무에게로 와서 접신되는 강신의 현상이 특징으로 나타난다. 그래서 신수나 입석, 신간은 신이 하강하는 우주의 축으로 그리고 이와 같은 우주적 축의 상징적 의미로 인해 신수나 입석, 신간은 신성시되어 신체로 상징되기도 한다.

수목뿐만 아니라 산악(山嶽) 숭배도 우주의 축과 같은 기능으로 인해 산을 통해 지상과 천상이 연결되는 통로로서 우주의 산(cosmic mountaion)이란 뜻으로 산 전체가 신성시된다. 이런 예는 불교의 수미산(須彌山)이나 국수당의 제장이 일반적으로 산정에 위치하고 기우 제장을 높은 산정으로 택한다는 사실 또 단군 신화에서 환웅이 태백산정에 있는 신단수 아래로 하강했다는 등 여러 가지 종교적 실상이 입증해 주고 있다.

마을을 수호하는 동제 신당(신단)은 수목, 입석, 산을 지상과 천상을 잇는 우주의 축으로 신성시하는 데서부터 이 주위가 성역이 되어 여기(우주의 축)서 신을 맞는 제의가 이루어지는 제장으로부터 신단, 신당이 형성된 것이라 생각된다. 그리하여 신당의 형성 과정을 종교 심리상의 진화적 입장에서 본다면 수목, 입석, 산을 기점으로 출발하여 이 밑에 단을 만들고 다시 여기서 당집으로 발전해 가는 형성 과정을 찾아볼 수 있다.

이와 같은 강신의 우주축은 민가의 임시 제장에서도 발견된다. 수목이나 신간을 통해 신은 언제 어디서나 제의에 나타난다는 의미가 된다. 민가의 제장은 수목과 관련되는 대청이 되고 또 제단, 제상의 떡 접시마다 길이 30센티미터 정도의 작은 신간에 백지술을 달아 꽂은 백화나, 50센티미터 내지 100센티미터 정도의 신간에 채색된 지화(紙花)가 그 예이다. 이 지화는 신수와 신간의 변형으로 신이 하강하는 우주의 간(竿)을 상징하기 때문에 굿상에 필수적으로 세우는 것이라 생각된다. 신당에서 당제의 굿을 할 때 느름대나 서낭대를 당 밖에 세우는데 굿상의 지화는 이것의 간소화된 형이라 볼 수 있다.

제주도의 경우는 마당에 시왕대를 세우고 무명필로 시왕 다리를 매어 굿청까지 끌어들인다. 이것은 시왕대로 하강한 신이 시왕 다리

국수당 강신을 위한 우주축은 수목뿐만 아니라 산악 숭배도 그와 같은 개념으로 받아
들여 산 전체가 신성시되기도 한다. 따라서 국수당은 보통 산정에 위치하고 있다.
서울 인왕산 중턱에 자리잡고 있는 국수당이다.

굿상 어떤 특정한 성소의 제장이 아닌 곳에서 굿을 할 때는 굿상에 신의 하강로인 우주축을 상징하는 신간이나 지화를 필수적으로 세워야 한다. 또한 신수와 관련된 목판으로 깔린 대청을 제장으로 사용하기도 한다.

를 밟고 굿청으로 걸어 들어오게 하는 의미이다. 특정한 성소의 제장이 아닐 때 이와 같은 우주축의 상징인 신간이나 지화를 강신의 성물로 생각하여 어디서나 임시로 제장을 만든다.

대청을 제장으로 사용하는 것은 대청이 목판으로 깔려 신수와 관련된 성소의 의미가 있기 때문이다. 대청을 비롯해서 목판으로 바닥이 깔린 공간을 마루라 한다. 대청에 관한 국내 현존의 공시적 자료만을 가지고는 대청의 신성성을 찾아보기 어려우나 북방 원시민의 것과 비교해 보면 신성시하는 이유를 알 수 있다.

오로치족의 천막 입구에 말루(malu, malo)라 부르는 목판으로 깔린 성소가 있어서 여기에 그들의 가신(Ju-borkan)을 모시며 여자가 접근하는 것을 금한다. 골디족에게도 천막 입구에 마로(maro)라 부르는 목판으로 깔린 공간이 있는데 보르칸(borkan) 신을 모시고 인간이 근처에 가는 것을 금하는 성소로 되어 있다. 이 목판의 말루나 마로는 신수의 분신으로 신성시되는 성소이다.

북방 원시민의 이 말루나 마로 그리고 우리의 대청 마루는 집의 중심이며 목판으로 된 공간이란 점에서 상통한다. 그리고 이 마루는 높은 곳을 뜻하는 수(首), 종(宗)의 의미 곧 산마루, 마루터기, 마룻대, 머리(마리) 등에서 그 고(高)의 의미도 포함되어 마루가 집안에서 제일 높고 신성시하는 성소의 상징임을 암시해 준다.

제의의 종류와 절차

무가 종교 체험으로 투사된 초월적인 힘의 내용이 신관과 신화(무가)로 체계를 이루면서 이에 대한 신성의 구체적 표현이 무의 행위로 외적 체계를 이루는 것이라 생각된다. 그리고 이와 같은 무의 행위적 표현이 제의의 양식으로 나타나 제의를 위한 대상인 신상, 신화(무신도), 신위 그리고 제장, 제단, 제구, 의식 등이 존재하게 되는 것이라 믿는다.

무의 제의는 신에 의한 소명적 봉사로 신과 인간의 상봉, 대화를 의미하고 이것으로부터 인간의 궁극적인 문제를 해결해 나가려는 것을 전제로 하며, 이와 같은 필요에서 무는 제의를 통해 신을 초대하여 대화의 기회를 갖게 된다.

현재 무의 제의가 어떤 형태로 어떻게 전승되는지 살펴보기로 한다. 무의 제의는 굿이라는 말로 집약되고 있으나 굿이라면 대개 '제의에서 무의 가무가 수반되는 큰 규모의 제의'를 가리키게 된다. 그 밖의 작은 규모는 지방에 따라 일정치 않으나 치성, 비손, 손비빔

소지 무당이 비손을 끝내며 신 앞에 소지(燒紙)를 올리고 있다.

등으로 부르고 제의의 성격에 따라 그 명칭이 달라진다.

무의 제의는 가정을 단위로 하는 일반적인 굿과 마을의 생활 공동체를 단위로 하는 동신제인 당굿이 있다. 일반 굿은 살아 있는 사람

당굿 마을의 동신제인 당굿에서 사실(寫實)을 세우는 장면. 서울.

의 소망을 기원하는 것과 사령의 저승 천도를 위한 굿으로 나눈다.
일반 굿은 기복을 위한 재수굿, 성주굿, 기자를 위한 삼신굿, 칠성
굿, 불도(佛道)맞이(제주도), 치병을 위한 병굿, 환자굿 등이며 공동
체를 위한 굿은 오구굿, 지노귀, 사자굿, 씻김굿, 조상굿, 수왕굿
(시왕굿), 망묵 등으로 지방에 따라 명칭을 달리한다.

이 밖에 강신무의 성무 제의인 내림굿, 신굿 등의 특수 제의가
있고 또 봄과 가을에 무의 몸주신을 위하는 꽃맞이굿과 잎맞이굿이
있어서 이것을 무가(巫家)의 제의로 구분할 수 있다. 이것을 성격별
로 분류하면 다음과 같다.

당굿;동신제로서 부락의 수호, 기풍, 풍어를 위한 마을의 공동 제의

신굿;무의 강신, 성무 제의로 무 자신에게 국한된 특수 제의, 봄과 가을에 무가에서 무신을 위한 축제

일반굿;살아 있는 자의 소망을 기원하는 제반 제의, 망인의 저승 천도를 위한 제의, 성주 봉안 의식

제의의 형식은 지방에 따라 차이가 있으나 신 앞에 제물을 바치고 행하는 절차는 대체로 다음과 같다.

청신 과정(請神過程);해당 신을 굿에 청하여

가무 오신 과정(歌舞娛神過程);청해 온 신을 가무로 즐겁게 하고

신의 청취 과정(神意聽取過程);초청된 신이 무에게 내려 공수 (神託)로 신의 의사를 인간에게 전달한다.

송신 과정(送神過程);굿에 초청된 신을 돌려보낸다.

이상 4단계 과정으로 무의 제의가 구성되는데 이 경우는 영력을 가진 무의 경우이고, 영력이 없는 세습무는 신과 직접 교통이 되지 않아 위에 말한 과정이 없는 대신 기원 또는 축원 사설의 과정이 있어서 인간의 입장에서 일방적으로 신을 향해 소망을 기원하게 된다.

무의 제의 양식과 절차

무의 제장은 땅과 하늘을 연결시키는 신수의 모형이나 신간의 축소된 모형이 우주의 축을 상징하여 세워지고 이 우주의 축이 세워진 제장은 하늘과 맞닿은 우주의 중심으로 신이 하강하는 가장 신성한 곳이다. 이 우주의 중심축으로 상징되는 성소에서 무는 신과 만나 대화를 나누기 위해 다음과 같은 제의를 행한다.

성주 봉안 의식 민가의 최고 가택신인 성주신을 집안에 새로 봉안하는 제의 절차이다. 이 일은 아무 때나 할 수 없고 집을 새로

부정거리 부정거리는 신이 오는 굿장 주위를 맑게 정화하는 과정이다. 무당이 장구를
치며 부정거리 무가를 부르고 있다. 서울.(맨 위, 위)

지었거나 이사하여 새집에서 수호신으로 성주신을 모셔야 할 필요가 있을 때에 한다. 이때도 가장의 나이가 27, 37, 47, 57 등의 7의 수가 드는 해 가을의 음력 10월중에 날을 잡아서 하는 것을 원칙으로 한다. 경상도 등지에서는 가장의 나이가 23, 27, 33, 37, 43, 47 등 3과 7의 수가 되는 해 가을에 택일해서 하는 예도 있다. 이와 같이 주인의 나이에 맞춰 택일해서 무를 불러 성주맞이를 하는데 이 제의는 다른 제의와 달라서 꼭 밤에 시작한다. 곧 오후 늦게 굿을 시작하여 성주를 받을 때가 되면 밤중이 된다.

굿 준비는 대청에다 굿상을 차려 놓고 그 옆에 성줏대를 세워 놓는다. 성줏대는 100센티미터 정도의 소나무 가지 중간에 백지 한 장을 잡아맨 것이다. 이 성줏대는 신수의 축소된 모형으로 우주의 나무를 상징한다.

성주거리　성주신이 내려 춤추는 무당으로 홍철릭에 홍갓을 썼다.

제의 절차는 주당살을 가려 나쁜 기운을 물리친다. 이때 무는 굿청에서 바깥쪽을 향해 빈 장구를 약 5분 동안 두들기는데 집 안에는 무를 제외한 누구도 남아 있으면 안 되기 때문에 집 밖으로 도피한다. 장구 소리에 쫓겨 살이 피해 나가다가 사람의 몸에 닿으면 즉사한다고 믿기 때문이다. 장구를 두들긴 다음 부정거리, 가망거리, 말영거리, 상산거리를 하고 나서 성주받이로 들어간다.

황제풀이 무가;이때는 무가 홍철릭에 홍갓을 쓰고 굿상 옆에 있는 성줏대를 잡고 뜰에 나가 하늘을 향해 성주신을 맞아들인다. 성주신은 이 성줏대 곧 우주나무의 상징인 우주의 축을 통해 땅으로 내려온다.

이렇게 해서 성주신이 하강(성주내린다고 한다)하면 무는 성줏대를 잡고 대청의 굿상 앞에서 한동안 춤을 춘다. 이것을 '성주놀린다'라고 한다.

그 다음 성주신이 앉을 자리 곧 대가 지적하는 곳에다 성줏대의 백지를 풀어 동전을 넣고 접어 뭉쳐 청수(淸水) 또는 막걸리에 적셔서 뭉쳐 성줏대가 지시한 상량대 밑의 벽이나 양주(梁柱) 상부에다 붙이고 무가 쌀을 한 줌 집어 세 번을 뿌리며 재복을 많이 점지해 달라는 주언(呪言)으로 "천석 만석 불려 줍소사" 한다.

이렇게 성주를 받아 앉히고 나서 황제풀이 무가를 구송하여 성주신이 인간에게 집을 지어 주게 된 내력을 신전에서 구송한다. 황제풀이 무가를 구송할 때는 성주신의 신체를 봉안한 곳을 향해 소반에다 백지를 깔고 백미 3되를 수북이 부어 놓은 다음 촛불을 켜서 성줏상을 다시 차려 놓는다.

그 다음의 굿 순서는 다른 굿과 동일하게 별상거리, 대감거리, 제석거리, 호구거리, 군웅거리, 창부거리, 뒷전거리를 하여 굿을 마치게 된다. 성주신으로 상징되는 신체의 형태는 지방에 따라 차이가 있어서 백지를 상기둥에 매는 형태, 성주단지, 성주동이, 성주

제석거리 무당이 재복을 비는 제석거리에서
물동이를 타는 장면.

맨 것 등의 형태로 나타난다.

지노귀 의식 지노귀의 목적은 망인의 저승길을 안전하게 잘 닦아 극락으로 보내는 것이다. 서울 지역 지노귀의 의식 절차는 굿할 날짜가 정해지면 굿주가 무에게 미리 돈을 주어 굿상을 차리게 한다. 이 경우는 무의 집이나 굿당에서 굿을 할 경우이고 굿주 자택에서 굿을 할 경우는 무의 지시를 받아 굿상을 차리게 된다.

1969년 3월 10일, 서울 용산구 도원동 9의 44에서 무녀 모씨의 주관으로 진행된 지노귀의 관찰 기록을 보면 다음과 같다.

대청을 가운데 두고 안방과 건넌방이 있는데 건넌방은 무신도가 봉안된 신방이다. 신방 앞부터 망제상(망자상), 선바위 장군님상, 불사님상이 진설되고 그 앞의 작은 상에 텃대감상과 대감떡상이 있다. 그리고 신방에는 대청을 향해 문 앞에 무녀가 고수로 장구를 잡고 그 옆에 또 한 무녀가 제금을 잡고 제금 건너편에 피리와 해금을 잡은 '재비(巫樂士)'가 각각 앉아 있었다.

굿의 절차는 재수굿과 동일하게 1. 부정거리 2. 가망거리 3. 말명거리 4. 상산거리 5. 별상거리 6. 대감거리 7. 제석거리 8. 호구거리 9. 성주거리 10. 군웅거리 11. 창부거리까지 하고 지노귀 절차로 들어가 1. 뜬대왕 2. 중디청배 3. 아린말영 4. 사제삼성 5. 말미 6. 넋청 7. 뒷전거리(지노귀 뒷전)의 순서로 의식이 끝난다. 그런데 다섯째의 말미에서 서사적 양식으로 바리공주 무가를 구송하고 7명의 영혼을 내세의 극락으로 보내는 집중적인 의식을 행하였다.

사제삼성이 끝나면 무가 몽두리를 입고 가슴에 띠를 맨 다음 머리에 큰머리를 얹고 양손목에는 색동의 한삼을 낀다. 그러고는 장구를 세워 70도 각도로 괴어 놓고 왼손에 방울을 들고 흔들며 오른손 바닥으로 장구를 둥둥 두드리면서 바리공주 무가를 구송한다.

바리공주가 끝나면 대청에서 일단 굿상을 뜰로 내다 놓고 도령을 돈다. 이때 뜰로 옮겨지는 상은 대청에 진설되었던 망안상이고 뜰로

말미　장구를 치면서 '바리공주' 신화를 구송하는 무당.(위, 옆면)

내어 간 망인상 뒤에는 가시문을 세워 베 7자와 무명 7자를 걸어
놓는다.

　무는 말미 드리던 복장을 그대로 입은 채 망인상을 도는데 이것을
도령돈다고 한다. 도령을 돌 때는 언제나 굿상을 가운데 둔 채 좌회
하며 망인의 유족들이 차례로 촛불과 향을 켜 들고 무의 뒤를 따라
돌며 곡한다. 몇 바퀴 돌고 나면 무가 오른손에 들었던 부채를 펴서
머리 위에 얹어 놓은 큰머리를 덮었다 열었다 하며 돈다. 이렇게
뜰에서 망인상을 가운데 두고 10 내지 15번 정도 돌고 나면 부채는
가슴띠에 매달아 늘인 채 다시 오른손에 대신칼을 들고 왼손엔 방울
을 든다. 오른손의 대신칼을 머리 위로 하늘을 향해 왼쪽으로 두
번씩 돌려서 망인상을 가운데 두고 건너편에 서 있는 조무에게 하나
씩 던져 주면 조무가 그 대신칼을 받아 다시 주무에게 던져 준다.

이것을 되풀이하면서 전과 동일하게 망인상을 가운데 두고 왼쪽으로 돌아 약 5, 6번 정도 돌고 나면 도령은 일단 끝난다.

도령이 끝나면 시왕포(十王布)를 가르게 된다. 시왕포는 베 7자, 무명 7자인데 이것을 각각 양쪽에서 한 사람씩 잡고 머리 위에 높이 들면 무가 제금을 치면서 그 밑을 몇 번 왔다갔다 하며 축원을 하고 이 축원 과정이 끝나면 베를 내려 가슴 높이로 잡는다. 그리고 베 한끝에 두 사람씩 각각 한 귀를 잡고 베 위에 돈을 깔아 놓는다. 그리고 나서 무가 제금을 든 손을 각각 아래로 빗겨 치면서 가슴으로 가르고 나가며 염불을 하는데, 이렇게 베를 가르고 나가는 것이 망인의 저승길을 닦아 평탄하게 해주는 최종적인 과정이다. 그래서 이때 유족이 앞을 다투어 갈라지는 베 위에 '인정건다'고 하여 돈을 놓게 된다. 만약 돈이 적으면 인정을 쓰지 않아 시왕포가 잘 갈리지 않으며 망인의 저승길이 밝지 못하다고 한다.

이렇게 해서 갈라진 시왕포는 다시 가시문넘김 과정으로 들어가 백지로 접은 망인의 넋과 함께 가시문 속으로 들어가 왼쪽으로 몇 차례 감아 넘긴다. 이렇게 가시문을 넘길 때는 무가 문섬김 축원을 하며 오른손에 시왕포 가른 것과 대신칼을, 왼손에는 백지로 접은 망인의 넋과 방울을 든다. 망인의 넋과 갈라 낸 시왕포를 가시문으로 감아 넘기는 것은, 타계로 가는 저승길에 가시로 된 사나운 문이 있는데 망인의 영혼이 저승으로 들어갈 때 이 가시문에 걸리지 말라는 뜻이다.

이것이 끝나면 여섯째로 넋청배(請拜)로 들어가 뜰의 망인상 앞에 상식상을 따로 올리고 유족들이 곡한다. 망인의 영혼을 청해서 '뒷영실'이라 하여 망인의 영혼이 무에게 실려 푸넘한다. 이때는 무녀가 머리의 쪽비녀 위에 넋을 꽂고 망인의 역할을 한다.

이 과정이 끝나면 넋보냄으로 영혼을 보내고 지노귀의 뒷전거리를 하여 이 의식이 끝나는데, 이때는 무가 왼손에 명태 3마리와

도령돌기　도령돌기는 무당이 망인의 저승길을 밝게 헤쳐 주는 과정이다. 무당이 굿상
　　을 뜰로 내다 놓고 앞에 가며 돌고 그 뒤에 유족들이 곡을 하며 따라간다.(맨 위)
길가름　도령돌기가 끝나면 망인이 가야 할 저승길을 상징하는 길베를 가르게 된다.
　　(위)

가시문 길가름이 끝나면 백지로 접은 망인의 넋과 함께 시왕포를 가시문 속으로 넣어 왼쪽으로 감아 넘긴다. 이것은 영혼이 저승으로 갈 때 가시문에 걸리지 말라는 뜻이다.

백지를, 오른손에 조밥을 들고 서서 뒷전 무가를 구송한 다음 대문 밖 문 옆에 놓아 굿에 모여들었던 잡귀를 골고루 풀어 먹인다. 지노귀에는 특히 대형의 지화가 굿상에 따른다.

당제 대개 봄과 가을에 2번의 제의를 행하면서 격년으로 당굿을 한다. 당제는 당의 제기에 준하는 것으로 보통 가정의 제례와 비슷하여 초헌, 아헌, 종헌, 독축(讀祝), 소지(燒紙)의 범주에 든다. 그러나 산간이나 해변, 도서 등지에서는 이와 같은 유가식(儒家式)의 제와 달리 3헌이나 독축이 없는 경우도 있다. 당굿의 경우는 당제를 지낸 뒤에 무가 맡아 굿으로 당신을 즐겁게 하는데 신당에 신수가 필히 수반되고 느름대와 기간(旗竿) 등의 신간을 통해 신이 내리는

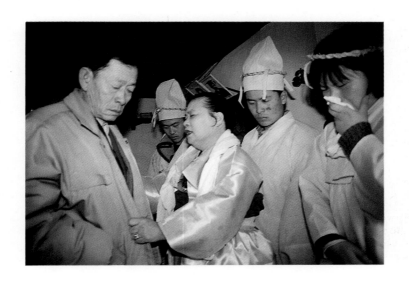

넋청배 가시문넘김이 끝나면 넋청배로 들어가 무당에게 망인의 영혼이 실려 넋두리를 하고 유족들은 곡을 하게 된다. 이때 무녀는 머리의 쪽비녀 위에 넋을 꽂고 망인 역할을 한다.

과정이 있다. 이런 것으로 미루어보아 개성을 갖는 신당은 후기에 형성된 신이며 당굿의 본원적인 뜻은 정기적으로 지상에서 하늘의 신을 맞는 민간인의 종교적 축제였으리라 생각된다.

마을의 공동 제장인 신당은 마을의 배후 산에 위치해 있다. 동민들은 신당 모실 산이 정해지면 곧 하늘에서 신이 내려오는 것으로 알았으며, 그 산을 우주의 산으로 여기고 이곳에서 신을 맞아 제의가 행해졌던 것이라 생각된다.

제의에 사용되는 신대, 신간, 지화는 모두 우주의 축을 상징하는 것으로 땅과 하늘을 잇는 가교의 의미가 있고 또 무의 제의는 신과 만나는 신성으로의 복귀임과 동시에 우주의 질서와 인간의 역사를 상징적으로 재현한다는 쪽에서 그 원의(原義)를 찾아볼 수 있다.

사잣밥 망인을 저승으로 데려가는 사제(使者)에게 대접하는 밥. 경기도 일산읍.

허주벗김 무당이 유족의 액운과 액살을 벗겨 주는 장면.

무속의 종교적 기능

　무속의 종교 제의는 우주 질서로부터 인간의 오랜 역사를 끊임없이 되풀이하는 기념비적 제전이라는 데서 인간의 영원한 태고의 향수가 발견된다. 그러나 이것은 과거의 기념비에 머무는 것이 아니라 현실의 불행을 물리치고 인간의 역사 속에 낙원을 영구히 설치하려는 인간의 집요한 의지로 볼 수 있다.

　사람들은 무속의 제장을 신성한 성소로 생각한다. 이곳에 태고의 전능한 신이 강림함으로써 태고 때와 같이 지상은 다시 풍요와 행운이 시작되어 황폐한 현실을 복원시킨다고 생각한다. 이러한 원초적 사고, 이것은 내일을 향한 생의 개척임과 동시에 태고의 역사에 대한 영원한 동경이 될 수도 있다. 무속의 제의는 바로 이러한 태고 역사를 복원시키려는 시도라 할 수도 있다.

　무속은 오늘날 민간층의 산 종교로서 정신적 불안의 해소와 생활의 희망을 부여해 주면서 나름대로의 역사 의식이 있으며 이것을 중심으로 민간인들의 심적 유대(紐帶)를 강화시키는 결과를 가져온다. 현재 우리나라의 종교 상황을 보면 도시나 지방의 소수 지식층을 제외한 대부분의 민간인이 무속이나 무속적 사고를 기반으로

민간층의 종교 무속은 민간층의 산 종교로서 현실의 불행을 물리치고 우리의 역사 속에 영원한 낙원을 설치하려는 인간의 집요한 의지로 볼 수 있다. 경기도 광주의 엄기리 부락 입구에 세워진 위의 장승들은 밖에서부터 들어오는 액과 잡귀를 막는 수호신 역할을 하는 까닭에 신성시한다.

일상 생활을 하고 있으며 농촌, 어촌, 산촌 등지에서는 산신당이나 서낭당 등 동신당(洞神堂)이 주민들의 정신적 귀의처가 되고 있어서 무속적 사고가 민간 기층 종교의 핵으로 자리잡고 있다.

지금도 무속이 민간층의 기층 종교로 자리잡고 있는 데에는 다음의 두 가지 원인을 들 수 있다.

첫째는 무속이 고대로부터 민족적 종교의 기반을 갖고 민족 공동체 속에서 생활을 통해 전승되고 있는 역사성을 들 수 있다. 둘째는 불교를 비롯한 유교, 기독교 등의 외래 종교가 삼국시대부터 계속 밀려 들어왔지만 민간인의 의식 구조와는 별개의 종교적 차원에 있었기 때문에 무속이 현대에도 민간 생활의 유일한 산 종교로 서민의 의식 구조에 합치되는 종교적 기능을 갖게 된 것으로 보인다. 일찍이 잦았던 전화(戰禍)와 관권 밑에서 시달리며 춥고 배고픈 생활을 통해 단련된 서민들에게 고등 종교가 강조하는 정신적 윤리성이나 내세적 구원의 의식이 자리잡을 겨를이 없었던 것이다. 어떻게 하면 굶지 않고 병들어 죽지 않을까 하는 현실적 당면 문제가 그들에게는 무엇보다도 시급한 일이었다. 사람들은 생활 속에서 무속의 신통력에 의존하여 병을 고치고 행운을 얻어 재난을 면하고 부자가 될 수 있다는 신앙을 갖게 되었다. 무속은 민간인에게 베풀어 주는 역할 곧 불안의 해소와 생활에 희망을 주고 생의 이상과 의미를 부여하는 중대한 종교적 기능을 해왔다.

이런 과정 속에서 일상적으로 반복되는 무속의 종교 의식에는 신화나 역사적 영웅 신화에 해당하는 설화도 그 일부가 무가로 흡수되어 구전되었다. 또한 신앙 대상신으로서의 자연신말고도 역사상의 영웅 곧 단군을 비롯한 신라, 고려, 조선조의 국왕과 김유신, 최영, 임경업, 남이 장군 등 용장을 신으로 숭배하게 되었다. 이와 같은 과정 속에서 민간인들은 민족 영웅에 대한 역사 의식을 갖게 되고 또 그들의 업적이나 충성심에 대한 민족적 긍지를 갖게 된다. 뿐만

장군신 무속에서 장군신은 잡귀와 액운, 액살 등을 물리쳐 준다고 믿는다. 무당의 집 신단에 봉안된 장군신의 무신도이다.

아니라 이들 영웅신을 모신 신당의 동신제는 무속적 종교 의식을 통해 주민들의 집단적 소속감과 지역 공동체적인 심적 유대를 강화시키는 결과를 가져왔다. 그러나 무속은 과거 고려 중엽 이후 유생들에 의해 미신이라는 비판을 받아 왔고 또 일제를 거쳐 오늘에 이르기까지 계속 비판의 대상이 되고 있다.

무속의 비판자들은 시대에 따라 비판하는 입장이 각기 달랐다. 고려나 조선 때는 유교의 입장에서, 일제 때는 식민 통치자의 입장에서 그리고 현재는 기독교의 입장에서 각각 비판해 왔다. 무속의 비판은 결국 모화 사상(慕華思想)의 입장과 식민 통치자의 입장 그리고 기독교의 서구적 현대판 사대주의적 입장으로 그 특성을 구분할 수 있을 것이다.

　　민간층이 소유한 무속은 현대의 한국 사회가 안고 있는 하나의 커다란 종교 문제로 등장하고 있다. 앞에서 살펴본 무속의 기능은 민간인의 입장에서 보는 현상 그대로의 긍정적인 견해였다. 입장을 바꾸어 현대적 차원에서 무속을 바라볼 때 무속에는 불합리성이 들어 있는 것도 부정할 수 없는 사실이다. 그러나 이에 대한 책임은 무속 자체에 있는 것이 아니라 민간 종교인 무속을 지금까지 도외시해 온 한국 사회에도 그 책임의 일부가 있다.

　　여기서 분명히 할 것은 기존의 무속에 의해 민간인의 종교 의식이 흡수되고 있는 것이 아니라 생활상에서 오는 민간인의 자발적인 종교적 욕구가 끊임없이 무속의 핵을 생성, 계승시켜 가고 있는 사실이다. 문제는 한국의 현대 사회가 민간인의 종교 의식에 대한 관심을 어느 입장에 서서 얼마나 가져왔는가 하는 데에 있고 또 민간인의 의식 구조에 맞는 종교가 없었다는 설명도 된다.

　　현재 한국에서 무속을 보는 관점은 무속의 현상을 있는 그대로 그리고 이 무속의 현상이 존재하는 한국이란 공간 지역을 긍정하는 입장에 서서 무속에 대한 관심을 가진 것이 아니고, 언제나 서구적인 안목을 가지고 현재 우리가 살고 있는 공간 지역마저 긍정하지 않은 그런 입장에서 보았다. 사실상 한국은 유교 500년과 기독교 100년의 오랜 세월을 외래 사조에 휩쓸려 자기의 것을 자기의 눈으로 보지 못하고 언제나 남의 눈을 통해서만 보는 결과를 가져왔다.

　　무속은 어떤 외적 힘의 세력에 의해 생멸하지는 않는다. 민간층이

조상거리 우리나라는 외래 사조에 휩쓸려 우리의 민간 종교인 무속을 제대로 못 보는 결과를 가져왔다. 새로운 시각으로 한국이란 지역성을 긍정하는 입장에서 무속을 바라보아야 할 것이다. 사진은 조상이 실려 물동이를 타고 춤추는 무당이다. 경기도 일산읍.

존재하는 한 무속은 민간인의 생활 속에서 생명을 이어갈 것이다. 무속은 민간인의 생활 현상으로서 민간인이 살고 있는 생활 그 자체가 무속의 과정으로 순환되고 있다. 그렇기 때문에 외래 종교가 들어오면 일단 무속과 습합되어 무속화의 방향으로 내용이 변질된다는 것은 이제 한국 종교계의 상식으로 되었다. 그 원인은 외래 종교가 한국에 들어와서 원래부터 한국 땅에 조상 대대로 살아온 한국인을 상대로 포교되었기 때문이다. 여기서 지역적, 민족적 전통성이 인간의 정신 속에 얼마나 뿌리깊게 뻗어 있는 것인가를 알 수 있다. 문화가 어떤 지역으로 전파되면 그 지역의 재래 문화와 수수(授受) 관계가 성립될 때에만 수용이 가능한 것이다. 만약 수용이 가능하다 할지라도 외래 문화는 재래 문화와의 상호 접촉 과정에서 어느 정도 변용된다. 만약 수수 관계가 성립되지 않을 때는 충돌이 일어나 새로 전파되어 온 문화가 전혀 수용될 수 없는 경우도 있다.

불교 전래 초기인 신라 법흥왕 때 이차돈의 순교는 신라 재래 종교와 불교와의 충돌이 있었음을 말해 주는 예이다. 또 조선조 말엽 흥선 대원군의 천주교도 학살 사건도 결국 한국에 전래된 기존의 유교적 전통과 새로 들어온 천주교의 대립된 종교적 충돌로 볼 수 있는 것으로서 위에 말한 문화 전파 원리의 범주에 해당된다.

맺음말

오늘날 종교계에 문제성을 던져 주고 있는 외래 종교의 한국적 변용, 이것은 외래 종교가 이지역(異地域)인 한국 땅에 들어와 발을 붙이고 한국인의 전통 기반 속에 뿌리를 박기 위해 포교의 출구를 찾는 종교적 과도기 현상으로 보인다. 그렇기 때문에 외래 종교는 이와 같은 과도기적 현상에 대처하기 위해 앞으로 뿌리를 뻗어나가야 할 한국이라는 땅과, 여기에 깊이 뿌리를 박고 있는 무속이라는 민간층의 종교 현상에 대한 깊이 있는 이해의 폭부터 갖출 수 있는 마음의 자세가 필요하다. 서양의 중세 계몽주의적 사고는 이제 낡은 것이 되었다. 객관적 입장에서 서구적 안목을 벗어나 한국이란 지역성을 긍정하는 위치에 서서 무속을 볼 때 다음과 같은 종교상의 장점이 있는 것도 새롭게 발견할 수 있을 것이다.

무속에서 생활 일체를 신의 섭리로 돌려 신 앞에 복종하는 절대성과 신앙에 대한 전통 의식 그리고 신앙의 생활화와 민간층 전체를 폭넓게 포섭, 지배하는 종교적 기반을 그 종교 생리의 장점으로 꼽을 수 있을 것이다.

1904년의 굿 장면

치료를 위한 굿 장면 환자를 치료하기 위한 굿으로 1904년경의 사진이다.

1904년의 마마배송굿 천연두가 나갈 무렵 마을에서 마마 귀신을 보내는 굿을 하고 있다.

1910년대 굿하는 장면 삼현육각을 잡히고 무명옷을 입은 무녀가 굿을 하는 장면이
다.(맨 위)

1920년대 갖가지 무복을 입은 무녀들(위)

빛깔있는 책들 101-22

한국의 무속

글	—김태곤
사진	—김태곤
발행인	—장세우
발행처	—주식회사 대원사
주간	—박찬중
편집	—김한주, 신현희, 조은정 황인원
미술	—윤용주, 윤봉희
전산사식	—김정숙, 육세림, 이규헌

첫판 1쇄 —1991년 11월 15일 발행
첫판 7쇄 —2006년 3월 30일 발행

주식회사 대원사
우편번호/140-901
서울 용산구 후암동 358-17
전화번호/(02) 757-6717~9
팩시밀리/(02) 775-8043
등록번호/제 3-191호
http://www.daewonsa.co.kr

이 책에 실린 글과 그림은, 저자와 주
식회사 대원사의 동의가 없이는 아무
도 이용하실 수 없습니다.

잘못된 책은 책방에서 바꿔 드립니다.

(册) 값 13,000원

Daewonsa Publishing Co., Ltd.
Printed in Korea(1991)

ISBN 89-369-0112-5 00380

빛깔있는 책들